水文径流数据随机时空插值方法

李凌琪　熊立华　著

中国水利水电出版社
www.waterpub.com.cn
·北京·

内 容 提 要

本书针对水文基础数据插补的实践需求，从基于实测数据驱动型的随机水文理论的角度，介绍了流域径流数据随机时空插值方法，主要内容包括：绪论、考虑河网拓扑结构的Kriging插值法、考虑河网水量平衡的Kriging水文随机插值法、基于河网整体时空相关性的经验正交函数插值法、主要成果与展望。

本书可供工程水文学、地理信息系统等专业的工程技术人员及高等院校相关专业的师生参考。

图书在版编目（CIP）数据

水文径流数据随机时空插值方法 / 李凌琪，熊立华著. -- 北京 : 中国水利水电出版社，2020.10
ISBN 978-7-5170-8897-4

Ⅰ. ①水… Ⅱ. ①李… ②熊… Ⅲ. ①径流－水文分析－插值法 Ⅳ. ①P333.1

中国版本图书馆CIP数据核字(2020)第180597号

书　　名	**水文径流数据随机时空插值方法** SHUIWEN JINGLIU SHUJU SUIJI SHIKONG CHAZHI FANGFA
作　　者	李凌琪　熊立华　著
出版发行	中国水利水电出版社 （北京市海淀区玉渊潭南路1号D座　100038） 网址：www.waterpub.com.cn E-mail：sales@waterpub.com.cn 电话：（010）68367658（营销中心）
经　　售	北京科水图书销售中心（零售） 电话：（010）88383994、63202643、68545874 全国各地新华书店和相关出版物销售网点
排　　版	中国水利水电出版社微机排版中心
印　　刷	天津嘉恒印务有限公司
规　　格	170mm×240mm　16开本　8.5印张　139千字
版　　次	2020年10月第1版　2020年10月第1次印刷
印　　数	0001—1000册
定　　价	**68.00**元

前言

径流资料的连续性和完整性是保障水文研究和实践工作可靠性的首要基础。因此，面对资料断档、数据缺失、实测记录稀少或空白等常见现象，插值作为解决数据需求矛盾的一种有效措施，具有十分重要的现实意义。随着科技和社会的进步，为了满足水利行业对基础数据的高质量需求，径流数据的时空插值技术已经不单单要实现“从无到有”，关键更是要解决“精”的问题。河川径流是气候特性与自然地理要素和人类活动等各种流域下垫面因素相互作用的产物，具有极其复杂的非线性动力特征和时空变化联系。如何根据研究流域的具体情况“对症下药”，寻求并改进适合于水文要素的时空插值策略以提高插值估计精度和效率，正是目前水文学者关注和研究的重点科学问题之一，也是当前流域管理者面临的难题。

本书基于实测数据驱动型的随机水文理论，以月径流要素为主要研究对象，探究径流序列的时空插值方法。主要研究方法包括：①以传统的统计学插值理论为基础，以普通 Kriging 和拓扑 Kriging 模型为主要手段，在分别考虑一维空间相关性和二维时-空相关性结构的情况下，设计了 4 种 Kriging 径流时空序列插值策略；②基于传统地统计学和随机水文理论，针对普通 Kriging 和拓扑 Kriging 模型，引入河网水量平衡约束条件，建立了基于 Kriging 水文随机模型的径流时空序列插值策略；③考虑到河网整体时空相关性结构的影响，提出了基于传统经验正交函数分解原理并适应于径流要素时空分布特征的条件经验正交函数法。

本书是在国家杰出青年科学基金项目“径流形成与预报”

(51525902) 和中央级公益性科研院所基本科研业务费专项项目“我国分区节水水平与节水潜力评价”(HKY-JBYW-2020-27)的资助支持下完成的。本书的研究工作还得到了挪威科学院院士、奥斯陆大学 Lars Gottschalk 教授以及奥斯陆大学 Irina Krasovskaia 高级研究员的悉心指导，笔者在此表示诚挚敬意与衷心感谢。

全书共分5章。第1章绪论阐述了径流序列时空插值研究的必要性，国内外数据插值方法的研究进展，水文领域内径流序列时空插值方法的研究现状和存在的问题。第2章在普通 Kriging 模型理论框架下，引入考虑河网拓扑结构的 Kriging 插值法，详细对比分析了不同 Kriging 径流时空序列插值策略的优劣点。第3章结合水文随机方法的插值理论，提出了考虑河网水量平衡约束的普通 Kriging 水文随机模型，并探讨了基于 Kriging 水文随机模型的径流时空序列插值策略的应用效果。第4章从随机统计理论中经验正交函数(EOF)方法出发，建立了基于河网整体时空相关性的经验正交函数径流时空序列插值法。第5章系统总结了本书各章节的主要研究结论和相应的插值方法建议。

本书由李凌琪、熊立华组织撰写。各章执笔情况如下：第1章由熊立华、李凌琪撰写；第2章由李凌琪、张凤燃撰写；第3、4章由李凌琪、熊立华、张凤燃撰写；第5章由李凌琪撰写。全书由熊立华和李凌琪负责统稿与校核。

本书撰写过程中参考了大量的国内外文献资料，谨在此对文献作者表示感谢！最后，向参与本书相关研究工作的全体课题组成员和本书编写出版的工作人员表示衷心感谢！

限于作者水平有限，书中难免有不当之处，敬请读者不吝赐教！

作者

2020年4月

目录

前言

第1章　绪论 …… 1

1.1　研究背景与意义 …… 1

1.2　数据插值方法研究综述 …… 2

1.2.1　基于物理成因机制的插值方法 …… 3

1.2.2　基于实测数据驱动型的插值方法 …… 4

1.2.3　其他插值技术 …… 10

1.3　径流序列时空插值方法研究现状 …… 12

第2章　考虑河网拓扑结构的 **Kriging** 插值法 …… 15

2.1　地统计学理论基础 …… 16

2.1.1　区域化变量 …… 16

2.1.2　协方差函数与变差函数 …… 16

2.1.3　探索性数据分析 …… 21

2.1.4　数据预处理 …… 26

2.2　普通 Kriging 插值原理 …… 27

2.2.1　基于空间相关的普通 Kriging 模型 …… 27

2.2.2　基于时空相关的普通 Kriging 模型 …… 28

2.3　基于河网拓扑结构的 Top-Kriging 插值模型 …… 30

2.3.1　基于空间相关的 Top-Kriging 模型 …… 30

2.3.2　基于时空相关的 Top-Kriging 模型 …… 32

2.4　基于 Kriging 模型的径流时空序列插值策略 …… 33

2.4.1　插值计算步骤 …… 33

2.4.2　插值精度评估准则 …… 35

2.5 实例分析 ………………………………………………………… 36
2.5.1 研究流域与数据 ………………………………………… 36
2.5.2 原始数据预处理 ………………………………………… 40
2.5.3 径流序列的插值计算 …………………………………… 41
2.5.4 径流插值序列的精度分析 ……………………………… 46
2.5.5 径流序列的插值预测图 ………………………………… 53
2.6 本章小结 ………………………………………………………… 57
第3章 考虑河网水量平衡的 Kriging 水文随机插值法 …………… 58
3.1 考虑河网水量平衡的普通 Kriging 水文随机插值模型………… 59
3.1.1 基于空间相关的普通 Kriging 水文随机模型………… 59
3.1.2 基于时空相关的普通 Kriging 水文随机模型………… 62
3.2 考虑河网水量平衡的 Top - Kriging 水文随机插值模型 ……… 63
3.2.1 基于空间相关的 Top - Kriging 水文随机模型 ……… 63
3.2.2 基于时空相关的 Top - Kriging 水文随机模型 ……… 65
3.3 基于 Kriging 水文随机模型的径流时空序列插值策略………… 67
3.4 实例分析 ………………………………………………………… 68
3.4.1 径流序列预处理与插值计算 …………………………… 68
3.4.2 径流插值序列的精度分析 ……………………………… 71
3.4.3 径流序列的插值预测图 ………………………………… 79
3.5 本章小结 ………………………………………………………… 83
第4章 基于河网整体时空相关性的经验正交函数插值法 ………… 85
4.1 传统经验正交函数理论（EOF） ……………………………… 86
4.2 考虑河网整体时空相关性的条件经验正交函数法（CEOF） …… 88
4.3 基于 EOF 和 CEOF 法的径流时空序列插值策略……………… 91
4.3.1 EOF 和 CEOF 法的插值原理 …………………………… 91
4.3.2 插值计算步骤 …………………………………………… 92
4.3.3 插值精度评估准则 ……………………………………… 92
4.4 实例分析 ………………………………………………………… 93
4.4.1 径流时空序列的 EOF 和 CEOF 分解…………………… 93
4.4.2 EOF 和 CEOF 法在径流时空域的方差解释能力分析 ……… 99

4.4.3 径流时空插值序列的检验 …… 100
4.5 本章小结 …… 109
第5章 主要成果与展望 …… 110
5.1 主要成果 …… 110
5.2 讨论 …… 112
5.2.1 插值精度的制约因素 …… 112
5.2.2 插值方法的应用潜力 …… 113
5.3 研究展望 …… 114
参考文献 …… 116

第1章
绪　论

1.1 研究背景与意义

河川径流既是水循环过程中的重要环节和基本要素，也是反映江、河、湖泊等水体水资源量及其水文情势变化特征的主要衡量指标（叶守泽等，2002）。获取完整、连续、时间长、范围广的径流数据是保障水文水资源研究可靠性的关键因素，与诸如水资源评价与配置、涉水工程规划与设计、水资源保护、水害防治以及生态环境治理等实践工作的顺利开展密切相关（Parajka等，2013a），因此，具有广泛的科学价值和现实意义。

水文数据资料插值作为径流系列重建的重要补救措施，是国内外一直广泛关注的研究课题。目前，我国水文站网经统一规划、多次调整，已形成较为合理的布局，对国民经济发展发挥了积极作用（詹道江等，2010）。但随着水利事业的蓬勃发展，现有数据观测条件由于历史（比如水文站撤并增减，断面迁移，设站早、晚或停测）、资金和人力成本（比如因为地理条件恶劣导致设站困难、站网密度有限）、认知能力不足（比如因为信息采集与处理不当造成数据记录无效、损毁或丢失）、不可抗力因素（比如因极端天气、仪器故障等无法获取观测值）以及数据资源共享条件受限等主观、客观原因，常无法保证水文资料系列具有较好的连续性和完整性，难以满足水文工作精细化的需求，亟须通过一定插值手段对缺失数据予以修补和预测（Li等，2018）。

面临水文数据插值任务的严峻挑战，国际水文科学协会（International

Association of Hydrological Sciences，IAHS）启动了PUB研究计划（Predictions for Ungauged Basins）（Sivapalan 等，2003），极大地促进了众多水文学家致力于水文插值技术方面的研究和应用。根据文献记载（de Lavenne 等，2016），首推方法是从水文物理机制的角度出发，以流域水文模型作为核心插值工具。但现实中，驱动水文模型的必要气象要素也常面临难以满足资料需求的窘境，在此情形下，通常采纳的解决途径之一是选取仅以径流要素自身已有数据即可驱动模型的插值技术，实际操作多数是直接借鉴气象、土壤特性、地矿等要素插值应用上已有的成熟经验，并且长期以来仍旧停留在采纳单一时间或空间上的插值技术（Skøien 等，2007）。然而，水文要素观测值，如水位、径流量等，是典型的时空序列数据，具有时间和空间上的显著相关性与变异性特征。大量研究表明，传统上单一维度插值技术的使用显然已难以应对时空插值的繁重任务，但由于缺少有效的径流时空数据建模理论和适用方法，往往片面地将时间和空间分割开来单独研究，导致隐含在时空数据中的大量有用信息并未被充分利用（Parajka 等，2013a，2013b）。因此，水文领域的时空插值技术已逐渐成为当下的研究热点。国内学术界普遍承认，在全球变暖的大环境背景下，受气候条件与流域下垫面因素等的综合影响，我国流域的天然径流过程发生不同程度的改变，水资源呈现严重的时空分配不均的特点，其物理成因和时空演变机制则更加复杂多变（夏军，2004；梁忠民等，2006；张建云等，2008；谢平等，2009；王浩，2010；张强等，2011；熊立华等，2015，2017）。这在客观上对提高径流时空序列插值精确性的任务造成更大困难，尤其是在缺乏水文物理基础的情况下，很大可能是导致极度异常且无物理意义的插补结果（Gottschalk 等，2015）。

综上所述，适用于径流要素且符合一定水文物理基础的时空序列插值策略具有重要科学意义与实用价值：有益于更加清晰地认知当前环境下流域水资源的时空演变规律并探求其成因机理，可以为流域水资源规划设计、开发利用以及综合治理提供参考依据，为水利决策、施工、运行管理等部门实践应用提供有力保障。

1.2 数据插值方法研究综述

国内外数据插值方法研究经历了从早期的主观性、经验性较强的手动阶段（如手绘空间等值线、目估适线法等）到逐渐进步、出现了与之相对的自动化插值方法（Sauquet 等，2000a；Harvey 等，2012）的发展阶段。传统的自动化插值应用技术主要包含两大类：基于物理过程成因机制（Physically-based）和基于实测数据驱动型（Data-driven）的插值方法（de Lavenne 等，2016）。此外，也存在交叉学科催生的其他插值技术等（Paiva 等，2015）。

1.2.1　基于物理成因机制的插值方法

基于物理成因机制的插值方法就是通过建立能够描述插值变量自身物理现象规律的模型来估计未知数据。此类模型在水文气象领域内常用的有：流域水文模型（Basin-Scale Hydrological Model）、全球气候模式（Global Climate Model，GCM）模型以及区域气候模式（Regional Climate Model，RCM）模型等。

水文模型的诞生和不断发展为满足水文领域数据预测需求提供了有效的解决方法。水文模型本身具有一定坚实的物理基础，作为工程水文不可缺少的内容，其应用不单是解决数据插值问题，更为广泛且熟知的是量化气候变化与人类活动对水循环的影响，对未来一定预见期的水文水沙情势作出定量预报，即所谓水文、水沙预报，以及水文规划管理，流域土壤侵蚀估计和水污染影响分析等方面（余钟波等，2006；詹道江等，2010）发挥着重要作用，从而成为广大水文学者推崇的分析计算工具。

基于水文模型的径流估计方法是以水文气象资料（如降雨、气温等）作为输入项，将率定出的最优参数代入其中得到相应的输出值（如出口点的总径流量）。目前，水文模型已取得相当丰硕的研究和应用成果，按照输入项的来源，包括：基于实测数据或耦合其他模型数据（杨涛等，2011），比如 GCM 输出、地理信息系统（Geographic Information System，GIS）插值估计等；按照其应用的变量维度范围，包括以下两种。

1. 对单一时间序列或空间数据的估计

Prudhomme 等（2002）应用 HadCM2 模型的日降雨输出数据驱动半分布式水文模型 CLASSIC 来预测日流量序列，进而推求英国 Severn 流域的未来洪水流量频率曲线。刘昌明等（2003）采用 SWAT 模型模拟了黄河河源区流域不同时期的径流序列，并深入分析变化环境下的水文效应，结果表明，与土地覆被变化相比，气候变化是引起黄河河源区径流变化的主导因素。Vansteenkiste等（2014）对比分析了5个水文模型（NAM、PDM、VHM、WerSpa、MIKE SHE）在比利时东北部Grote Nete流域出口站的径流模拟效果，结果表明：与较复杂的分布式水文模型相比，集总式模型计算省时且能实现更高的估计精度。Zhang等（2014）采用集总式概念性水文模型GR4J预测了年径流系数、对数化日流量的均值和标准差、零流量比例等径流特征指标在澳大利亚东南部228个流域的估计值及空间分布特征。

2. 对时空序列的估计

Xiong等（1999）提出两参数月水量平衡模型TPWB，并以赣江、汉江两个流域多个站点的实测数据作验证，取得了较好的径流时空序列估计结果。Wagner等（2012）以不同空间插值技术获取降雨估计数据，并输入SWAT水文模型中估计径流时空数据，进而评估不同降雨插值方案对径流预测的影响，其研究结果证实了以TRMM高精度数据作为协变量的回归模型具有明显的插值优越性。Viglione等（2013）建立了HBV半分布式水文模型，并结合空间插值技术对奥地利213个流域的日流量时空数据进行插值。Caillouet等（2017）以SCOPE Climate降尺度数据输入GR6J水文模型对法国662个流域的枯水事件时空数据进行估计。Chen等（2018）选取集总式概念性水文模型HMETS为研究工具，以26个GCM数据集和来自全球4个国家（加拿大、美国、中国、贝宁）12个不同流域的水文气象资料为实例，深入研究了GCM输出数据的偏差校正（IBC和JBC方法）对水文模型径流时空数据估计的影响。

基于物理成因机制的水文模型插值方法易于模拟和估计整个研究流域的水文时空过程，从而受到广泛认可和推荐。但也有研究学者指出其应用中存在的局限性（任立良等，1996；李新等，2000；Sauquet，2006；严子奇等，2010；de Lavenne等，2016），比如模型参数的时变性和空间异质性、实测输入数据难获取、GCM输出数据的尺度转换问题、描述时空过程的物理参量之间关系不明等，鉴于以上考虑，指出“另辟蹊径”的必要性——研究基于实测数据驱动型的插值方法。

1.2.2 基于实测数据驱动型的插值方法

基于实测数据驱动型的插值方法，按照其插值理论应用的数据维度范围，可细分为时间、空间以及变量二维随机场上时空域的插值方法（Bárdossy 等，2014；Gottschalk 等，2015）。

1. 时间插值方法

时间插值方法是应插补时间空缺点和提高时间序列长度的数据需求而发展形成的一类基于一维时间域上观测点展开的插值理论和方法的统称。其基本理论依据数学的不同学科分支大体有两类：基于统计学和基于数值分析法。其中，基于统计学的方法主要包括 3 种：回归分析、时间序列分析、概率分布模型（随机性方法）（表 1.1）。

表 1.1　常用时间插值方法

理论		代表性方法
基于统计学	回归分析	一元线性回归模型、多元线性回归模型等
	时间序列分析	自回归模型（AR）、滑动平均模型（MA）、自回归滑动平均模型（ARMA）、自回归积分滑动平均模型（ARIMA）、季节性 ARIMA 模型、频率谱分析、小波分析等
	概率分布模型	Bayes 技术、Copula 模型等
基于数值分析法		时间序列样条函数、时间序列 LOESS 平滑拟合等

回归分析适用于具有变量间定量依赖关系且呈现一定变化规律的时序数据，通过建立最优拟合的一元或多元回归确定性方程，来求解待插值时间的估算值（Harvey 等，2012）。时间序列分析是随机性模型在时域上的经典应用，广泛应用于经济管理、自然及社会科学等领域，具有两个最基础的数学模型形式：基于时间序列自相关性的自回归模型（AR）和基于时间序列随机性的滑动平均模型（MA），在此基础上根据时间序列呈现的趋势、跳跃、周期、不规则变化等特点，产生了平稳与非平稳性、季节与非季节性、线性与非线性模型等（Tencaliec 等，2015）。此外，从分析时间序列“隐藏周期性”的角度，又有谱分析和小波分析等时间序列分析方法（Kondrashov 等，2006；Mariethoz 等，2012）；从分析时序数据“频率分布特征”的角度，又有基于 Copula、Bayes 等概率分布建模理论的插值技术（Tingley 等，2010；Bárdossy 等，2014）。基于数值分析的插值法起源于工程实践中一种简单的经验插值做法，经验插值把未知点时间邻域内最近的两个已知时间点首尾相连，求取二者算术平均值，一般仅适用于变化较规律且波动不大的时序数据，而

基于数值分析的插值法是借助数学函数（如样条函数、LOESS）拟合实测值的形式达到对真实值无限逼近的一种估计手段，对不同时间序列形态的适应性更强。但二者本质上均属于平滑内插算法。

2. 空间插值方法

空间插值方法以插补空间未知点和提高数据空间密度为主要目的，一般以数学函数的形式建立逼近对象真实情况的插值模型，从而将不规则、离散的、稀疏分布的地质空间采样点资料转化为连续的数据曲面，实现空间数据的图化，并为后续分析工作提供重要数据基础。其根本理论依据和假设前提是 Tobler（1979）提出的“地理学第一定律”。该定律反映了地理要素的一般空间分布规律，通俗地讲，即认为空间上越靠近的两个位置，相似性越高，反之则越相异。

目前，已有的空间插值方法，从数学建模的角度，可归类为确定性（Deterministic）和随机性（Stochastic）插值。根据不同的数学理论，具体方法包含：几何方法［如最近邻点法 Nearest neighbor、反距离加权 Inverse distance weighting（IDW）］，经典统计学方法（如空间多元回归方程 Spatial multiple regression model、空间滑动平均 Spatial moving average），地统计学方法（如 Kriging 模型）以及数学函数算法等（如样条函数 Spline functions 和卷积公式 Convolution formula）（李新等，2000）。依据目标地点的插值量是由研究区的全部观测值还是仅邻域内采样点估计而来，可划分为整体性（Global）和局部性（Local）插值。按照插值生成的空间数据曲面是否通过所有已知观测点，又可分为精确性（Accurate）和非精确性（Approximate）插值。图 1.1 展示了空间插值方法中的部分常见方法及其分类体系。随着计算机技术的飞速发展，基于 GIS 等软件系统平台的开发大大推广了空间插值方法的研究和可视化应用（汤国安等，2012）。

（1）确定性空间插值方法。确定性空间插值方法具有原理简单、易于操作、计算效率高、且受统计学上理论假设的限制相对较小等优点，因而较早地受到国内外学术界的关注（Hirsch，1979；Bárdossy 等，2014），并已服务于水文科学研究和工程实践，满足基础数据空间插值的需求（Daly 等，1994；Gottschalk 等，2015；李凌琪等，2015；Li 等，2017，2018）。由于本质上属于确定性数学模型，其明显弱势在于适用范围十分有限，当数据分布稀疏不

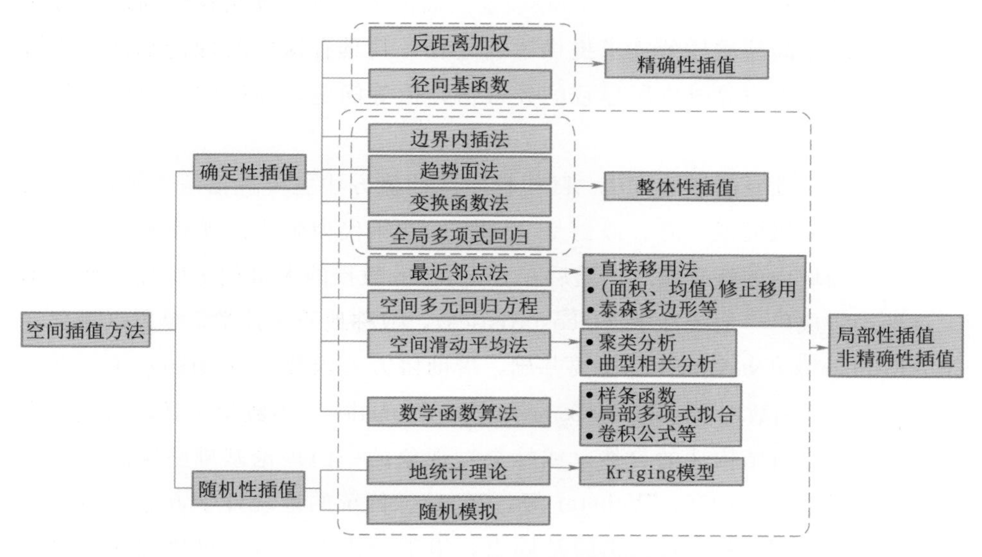

图 1.1 常见空间插值方法及其分类体系

匀时，易出现违背物理规律的异常插值结果（如“球状突起”封闭等值线），且自身难以量化和检验估计误差，特别是对个别方法而言（如趋势面法、IDW、泰森多边形），逼近真实观测值的程度则更差。针对上述问题，已取得的研究进展中，主要解决措施包括：①改进或寻求更加具有物理基础的确定性插值策略，比如考虑加入辅助性物理解释因子：Harvey 等（2012）综述并比较了 15 种简单、常见的插补预测方法对英国 26 个 NRFA 日流量数据的估计效果，该研究证实了引入多种解释因子能够提高插值精度；Wagner 等（2012）以 TRMM 降雨卫星数据作为协变量，建立了反距离加权回归模型（RIDW）并应用于印度 Mula - Mutha 流域日降雨数据的插值中，其研究表明 RIDW 的插值效果要明显优于普通的 IDW 方法；②探讨空间相似站点的定义以及水文邻域影响区（Region of Influence，ROI）的划分，比如基于“水文相似”或者“地理邻近”的概念（Oudin 等，2006，2008；Razavi 等，2013；Parajka 等，2005，2013b；Viglione 等，2013；Lachance - Cloutier 等，2017）进行插值。其中，Parajka 等（2013b）研究表明，两种概念在湿润流域的使用均表现得很好，但前者在干旱流域的插值优势较大；而 Bárdossy 等（2014）在比较二者应用于最近邻点法并插值南非日降雨数据时发现，基于

“水文相似”的插值结果更优；③除确定性插值策略外，随机性空间插值方法的诞生为满足高品质插值需求提供了新途径，其具有深厚的理论基础，能够克服插值计算中边界效应所导致的异常估计值等问题，并提供空间逐点的误差定量分析结果。

（2）随机性空间插值方法。随机性空间插值方法主要包括两大理论体系：地统计学和随机模拟。前者最初是20世纪50年代为解决地矿预测问题而提出的地质领域内的特有概念，随后在Matheron教授的大量理论研究工作基础上逐渐趋于成熟。地统计学（Geostatistics），或称地质统计学，是以区域化变量（Regionalized variable）为主要基础，借助协方差函数（Covariance function）或（半）变差函数（Variogram/Semivariogram function）等数学工具，研究既具有随机性又具有结构性的自然（或社会）现象的一门理论基础坚实的地理信息科学（侯景儒，1996；Webster等，2001）。传统的地统计学方法一般是建立在一维（空间）相关性结构的基础上，用于分析空间域内可概化为（局部尺度上）连续点随机过程的物理量（如降雨、蒸发、土壤特性）（Woods等，1999；Skøien等，2003），以Kriging方法体系最为典型。多年来，该理论已广泛应用于地矿、气象、水资源、环境、生态及农业等多个领域的变量插值与预测（李新等，2000；张蕾等，2004；石朋等，2005；岳文泽等，2005；刘金涛等，2006；Skøien等，2006a）、变量变异特征识别（陈晓宏等；2004；周剑等，2009）、变量极值分布模型计算与频率分析（顾西辉等，2014）、水文模型构建以及变量影响评价（范晓梅等，2014）等多方面的研究中，进而在大量实践经验的基础上又推动了Kriging方法体系的发展。目前，国内外学者的研究核心主要围绕两方面：①对协方差函数/变异函数理论模型的建立；②对Kriging理论模型的选择和插值方程组的推导。传统Kriging方法一般是在空间同质性和（准）平稳性的基本假设前提下，通过提取区域化变量在空间随机场的矩信息（即协方差函数或变差函数）来实现对未知点的“线性加权平均”且“无偏”的最优估计。Goovaerts（2000）将普通Kriging、漂移Kriging和协同Kriging应用于葡萄牙36个气象站年、月降雨数据的空间插值；陈晓宏等（2004）建立了变差函数的球状套合结构理论模型，并结合Kriging估计分析了珠江三角洲水位的空间变异性；朱芮芮等（2004）应用普通Kriging和泛Kriging模型对无定河流域日降雨数据插值，并比较了多种变差函数理论模型的效果；石朋和芮孝芳（2005）比较了普通 Kriging 和考虑高程的协同克里金模型对沿渡河流域年、月降雨量的插值效果。随着地统计学理论体系在研究和实践中的逐步深入和不断完善，Kriging 方法已不再局限于上述针对区域化变量的传统基本假设，并由单元变量向多元变量、由点估计向区间估计、由一维空间域向二维时-空域（甚至更高维）、由参数化向非参数化、由线性向非线性等方向的趋势发展（侯景儒，1996；王仁铎，1996；王亮等，2008；叶近天等，2014；Castellarin，2014；Montero 等，2015；Caillouet 等，2017）。

随机模拟起源于对区域化变量空间异质性（Heterogeneity）和非平稳性（Nonstationarity）效应的考虑，是继 Kriging 方法体系之后兴起发展的一门新技术。该技术依赖于对空间分布现象观测数据建立的概率分布模型，通过相互独立、等概率的抽样过程，对空间不确定性进行定量描述，故较为完整地保留了空间结构信息，可以根据各种随机变量之间的空间相关数据把高度不确定性的先验分布更新为低不确定性的后验分布，但一般建模难度和计算量大，建模本身具有技巧性和人为经验性。常用的随机模拟方法有高斯过程、马尔科夫过程、蒙特卡罗方法等（李新等，2000）。

3. 时空插值方法

现有的针对时空插值方法的研究相对较少，在已取得的研究进展中，解决时空序列插值问题的基本思路可归纳为以下 4 点。

（1）单独考虑时间或空间维的插值。此类途径的实质是一维插值方法在二维时-空域上的简单升维拓展，比如，“先时间后空间”——采纳时间插值方法对流域各空间点的时间序列逐一单独插值；“先空间后时间”——采纳空间插值方法将流域空间点上各同期观测序列逐一单独插值，最终实现整个变量随机场的时空插值。在时空插值方面，虽具备一定的参考和使用价值，但本身并没有探究时空数据复杂的内在相关性结构，在实践应用中可能丢失大量有用信息，引起巨大的不确定性问题，导致此类插值策略的可靠性难以保障（Li 等，2004；Farmer，2016）。

（2）改进原有时间（或空间）确定性插值方法以加入对时空信息的综合考虑。此类方法虽然具备了一定描述时空确定性结构的能力，但依然没有考虑变量在时间和空间上分布的随机性，因此并不善于处理不规则变化的时空序列数据。Kondrashov 等（2006）采用多维奇异谱分析法研究数据的时空相关性结构，并应用于尼罗河洪水时空序列的插值中。Tingley 等（2010）建立了层级 Bayesian 模型以获取气象要素完整的时空协方差结构，用于重建气温时空序列。王佳璆等（2012）详细介绍了结合 ARMA 模型和空间相关性信息的时空 ARMA 模型（STARMA）的原理，并用于时空序列的插值预测中。

（3）建立基于局部时空相关性的随机性插值模型。典型的研究方法是基于地统计学理论的时空 Kriging 模型（侯景儒，1996；王仁铎，1996；王亮等，2008；叶近天等，2014）。此类方法的实质是针对整个数据序列的局部时空相关性建模，即根据待插值点有限空间邻域和待插值时刻有限时间邻域的相关结构进行估计。随着径流时空插值问题复杂性的上升，显然只考虑局部实测值的时空信息已难以满足插值精度的要求，研究学者迫切希望从整体结构入手，寻找适用于大尺度时空域的高效插值方法（Gottschalk 等，2015）。

（4）建立基于变量场整体时空相关性的随机性插值模型。该方法的一种思路是从数据降维的角度，以基于多维变量 Karhunen－Loève 分解扩展理论的经验正交函数法（Empirical orthogonal function，EOF）（Loève，1945；Gottschalk 等，2006）为工具，分析物理量在整个时间和空间域的相关性结构并建立随机插值模型，因此能够较好地保留全部径流时空信息。Hisdal 和 Tveito（1993）采用普通 EOF 法、线性回归和水文模型，比较了挪威南部 9 个流域日径流序列的插值效果并得出结论：EOF 法的结果与另外两种方法相当。Beckers 等（2003）基于普通的 EOF 方法插补了不完整的海洋数据集。Hamlington 等（2011）利用法国 AVISO 数据进行 EOF 分析，并用于全球海平线（GMSL）的插值重建。Henn 等（2013）研究了 EOF 方法插值小时近地表温度数据的效果，发现该方法对测站垂向间隔及其空间相关性表现敏感。Taylor 等（2013）比较了多种 EOF 方法对加拉帕戈斯群岛海表温度数据的插补能力。Li 等（2018）提出一种新的基于 EOF 原理的条件经验正交函数方法（CEOF）以提高波幅函数对流域各站点径流变化模式的代表性，并在我国赣江流域的实例验证中取得优于原始 EOF 法的时空插值效果。

1.2.3 其他插值技术

随着数学理论、地理科学以及计算机、通信等信息技术的飞速发展，多种基于函数建模或依托现代化科技的交叉学科成果在水文插值方面的研究和应用同样受到了国内外众多学者的广泛关注。目前，主要的研究热点集中于以下4个方面。

1. 结合智能算法

该方法的基本思想是：通过结合智能优化技术（如遗传算法GA、人工神经网络ANN等），增强模型对随机非线性预测问题的估算能力，以提高预测的精度和速度。胡铁松等（1995）系统综述了ANN理论在水文水资源领域中的应用和研究现状，并指出了存在的问题和研究方向；夏军等（1996）提出了一种灰色人工神经网络模型GANN，并以广西大榕江流域为实例，验证了其在径流短期预报中的应用潜能；金菊良等（1999）建立了基于ANN模型的年径流模型，并证明了其在新疆伊犁河雅马渡站的应用价值；黄国如等（2003）建立了径向基函数神经网络模型RB－ANN，用于沂河水位预报；Coulibaly等（2007）对比分析了6种ANN模型在加拿大加蒂诺流域插补降雨和气温的准确性，结果表明，多层感知器网络模型（MLP）的插值精度和效率最高；冯平等（2009）建立了基于EMD的年降雨径流BP神经网络模型，并以黄河上游流域为例，证明了该模型能够对水文时序数据进行精确的多时间尺度分析；Kim等（2010）建立了基于ANN和回归树理论的日降雨序列插值策略，并结合SWAT水文模型进行估计误差分析；Uysal等（2016）提出适用于山区流域日径流预测的前馈MLP架构的ANN模型，并应用于土耳其幼发拉底河流域。

2. 结合模糊和混沌等数学理论

该方法是由国内外众多水文学者相继将模糊（Fuzzy）和混沌（Chaotic）数学理论的研究成果引入水文领域，将水文变量难以解释的不确定性变化视作“模糊性”或“混沌性”，在对其识别和分析的基础上，开辟出的一条不同于确定性和随机性预测方法的新途径。Abebe等（2000）建立了基于模糊逻辑规则的插值模型，并在意大利日降雨缺失数据的插值应用上取得了较好的效果；Xiong等（2001）提出Takagi－Sugeno模糊系统，并用于提高降雨-径流水文模型的预测能力；黄国如等（2004）回顾了混沌识别和混沌预测方法，并探讨了将混沌理论应用于降雨-径流时间序列预测中存在的问题；于国荣等（2008）将混沌时间序列支持向量机模型应用于处理水文时序数据，并验证该模型具有较好的月径流预测精度；Jayawardena等（2014）建立了3种模糊逻辑推断系统，用于预测径流序列，并验证了其应用于3个国家（中国、斐济、斯里兰卡）4个流域的稳健性。

3. 结合遥感观测及数据处理技术

该方法是伴随地理信息系统理论与卫星、微波技术等遥感手段，将多源信息直接或经处理后（如数据反演、同化、集成技术）应用于解决水文领域内径流预测问题而产生的。例如，傅国斌等（2001）阐述了遥感同化和反演技术在洪水动态监测、降水、蒸发、土壤水分、径流和水文模型等研究上已取得的成就；Park等（2009）详述了数据同化技术在大气、海洋、水文学领域中的多方面应用；王文等（2009）综述了水文数据同化方法及其在降雨-径流模拟与预测中的应用进展，并指出了存在遥感反演精度、同化效果评估等方面的不足。Paiva等（2015）提出基于时空Kriging模型和SWOT卫星数据同化技术的插值框架，应用于日径流时空序列的预测并获得了高于其他Kriging模型的插值精度。Uysal等（2016）发现将MODIS SCA雪覆遥感数据产品与ANN模型结合能明显提高径流预测效果。

4. 综合性方法

该法的根本出发点是综合利用和汲取几种方法各自的优点，常见做法为拆解变量序列为各个不同成分（如确定性＋随机性＋残差项），并基于上述物理成因机制或实测数据驱动型的插值方法分别对各个变量成分建模描述，以达到提高插值预测精度的目的（李新等，2010）。

1.3 径流序列时空插值方法研究现状

综合上述国内外已有的研究成果发现，径流序列时空插值方法的研究现状主要突出了以下问题。

（1）大量时空序列插值研究更多强调的是降雨、气温等气象要素，关于应对水文要素插值应用的研究则相对较少。面临气象要素同样遭受资料有限的难题时，水文学者迫切需要选择一种可替代的方法，比如采纳基于实测数据驱动型的插值方法来完成径流数据的重建或恢复。现有的应用技术存在盲目照搬已有气象要素插值方法却忽略径流自身特殊性的缺陷，从而导致插值效果不理想。仅有少部分研究学者致力于开发适用于水文要素的时空插值方法，探讨其“精”度问题。

径流作为空间域内沿河网结构布展的物理量，其变量随机过程在整个空间域内非连续，仅定义于河网上的空间点，受河网结构约束和汇流效应的影响，具有明显不同于气象要素的3个独特空间自然属性：①块段效应（Block effect），即流域各出口点的流量值反映的均是其上游控制集水区范围内水文过程累积演变的结果；②空间嵌套性（Spatially nested nature），即流域上下游之间的集水控制面积和流量值均存在嵌套、叠加关系；③河网水量平衡（Water balance along river networks），即流域河网上某点的总径流量等于其上游控制集水面积内所有产流总量之和。

鉴于上述原因，传统地统计学里 Kriging 方法的通用性受到了质疑。Gottschalk（1993a，1993b）指出，应特别关注针对径流变量的插值问题的特殊性，并证实流域河网结构会造成径流空间变异性的估计误差。随后，国内外部分学者展开了相关研究，并相继改进了适用于径流变量的空间相关性量化方法（Gottschalk 等，1997，1998；Gottschalk，2006；Gottschalk 等，2011，2013），并研究了相应的 Kriging 插值策略（Gottschalk 等，2006；Sauquet，2006；严子奇等，2010；Yan 等，2012a，2012b）。其中具有代表性的插值法分别是：①考虑河网水量平衡关系的 Kriging 随机插值系统，被统称为水文随机方法（Hydro - stochastic approach）；②基于河网层级结构的拓扑 Kriging（Top - Kriging）方法（Skøien 等，2006a）；③基于地貌空间（Physiographic space - based）的典型 Kriging（Canonical kriging）（Archfield 等，2013；Castellarin，2014），并且均已在研究应用中得到验证。例如，Yan 等（2012b，2016）证明了水文随机方法应用于我国淮河流域的可行性，并深入探讨了该法的精度影响因素；Viglione 等（2013）将 Top - Kriging 模型应用于奥地利 213 个流域，并取得了较好的径流插值效果；Archfield 等（2013）证明 Top - Kriging 在应用于美国东南部 61 个流域设计洪水估计上普遍要好于多元回归方程和 Canonical Kriging；Laaha 等（2014）比较了 Top - Kriging 和统计回归模型在奥地利 300 个流域的枯水流量频率分析上的效果，结果也发现前者通常表现更优；顾西辉等（2014）研究同样表明 Top - Kriging 在我国北江流域设计洪水的插值问题上具有优于普通 Kriging 的能力；而

Lachance - Cloutier 等（2017）在对比 Top - Kriging 和统计插值技术 SI 在加拿大魁北克区 75 个测站的日流量序列插值表现时发现，SI 估计精度略高，特别是在距离已知测站较远的地点，SI 表现更优。

大量研究表明：尽管基于实测数据驱动型的插值方法无法明确阐释水文过程的内在成因机理，但可以通过水文要素表现出的相关性结构（或变异特征）加以改进，以提高对真实河网结构上各点径流变化外在联系的描述，继而达到改善插值精度的目的（de Lavenne 等，2016）。

（2）大多数基于实测数据驱动型的插值方法研究主要集中于关注单一维度内（空间域或时间域）的数据预测问题，然而径流变化模式同时依赖于在时间和空间上演变的物理成因机制，显然会令部分一维插值方法失效（Skøien 等，2007）。多数流域可利用的观测数据常呈现时间上较富足而空间上相对稀缺的状态，这在客观上也为量化时空相关性而非仅是空间或时间相关性提供了一定理由，为基于时空相关性的模型插值精度提高创造了条件。目前，虽然涉及时空域的研究日趋增多，但在实践中的应用成效仍亟待提高。例如，为了满足径流变量在二维时-空域上的插值需求，Skøien（2007）在前人研究基础上（Gottschalk，1993b；Skøien 等，2006a，2006b），进一步提出了时空 Top - Kriging 模型；Gottschalk 等（2015）应用水文随机方法获取哥伦比亚马格达莱纳流域的月径流均值和标准差在一维空间域上沿河网分布的估计图，并进而用于推求月径流（二维）时空插值序列。

第2章
考虑河网拓扑结构的Kriging插值法

Kriging模型是地统计学领域最具代表性与常用的传统空间随机性插值方法，由南非采矿工程师D. G. Krige于1951年首次提出并以此命名，后经法国地质学家G. Matheron发展深化，形成具有深厚理论根基的方法体系。Kriging理论模型包含众多基于不同假设原理和模型结构的方法，比如简单Kriging、普通Kriging和泛Kriging等。当扩展到非线性插值情况时，常见的Kriging模型包括指示Kriging、概率Kriging和析取Kriging等。此外，还存在渗透了其他数学分支学科，由此而产生的多种结合了协变量信息、混合分布、多维分形理论的Kriging派生方法，如协同Kriging、经验贝叶斯Kriging、分形Kriging、模糊Kriging等，极大地丰富和拓宽了Kriging模型的理论体系，并广泛地支持着地学领域中变量相关性结构和插值建模等的应用（王仁铎，1996；Stein，2006）。一般认为，非线性Kriging方法会比线性Kriging方法更精确，但由于其模型结构更为复杂且计算过于繁琐，往往实用性会降低。

本章主要关注于Kriging理论中最为稳健和常用的普通Kriging法。一般的，它是建立在协方差/变差函数理论分析基础上，对有限范围内的随机变量未知采样点取值并进行最优无偏估计（BLUE）的一种“局部线性加权”插值方法。作为基于物理成因机制的水文模型插值法的一种可替代插值方案，Kriging插值模型可以较好地避免水文模型在缺少水文气象输入资料时难以使用的困境。

径流要素在空间上存在块段效应和嵌套性这两个自然属性，因此，径流要素是一个受河网结构支配的累积过程量，从地统计学上讲，不可简单地概化为“点”随机过程，而应视为具有空间支撑的“面”随机变量。本章在普通 Kriging 理论的基础上，探讨了一种考虑河网拓扑结构的 Top - Kriging 模型（Skøien 等，2006a），并将变量相关性量化范围由一维空间延伸至二维时-空域，分别建立了基于空间相关和基于时空相关的 4 种 Kriging 模型及相应的径流时空序列插值策略，以期在更好地符合径流变量空间自然属性的同时，能提高传统上仅基于空间相关的 Kriging 模型的插值效果。

2.1 地统计学理论基础

2.1.1 区域化变量

随机变量是定义在随机现象样本空间上的实值函数，对应于某一样本点的确定性数据称为随机变量的一个实现。多个样本点的实现形成一个序列。地统计学上，将具有空间属性分布的随机变量称为区域化变量，其主要属性有：

（1）空间随机性和局限性。区域化变量是依据有限空间域内的几何支撑而定义，域内变量属性常呈现相关性，而域外的关联性则表现不明显。

（2）连续性或相关性。区域化变量表现为不同程度的内在结构联系，如相邻点间常具有相似性。

（3）方向性。区域化变量在各个方向上具有相同性质（变异性相同）称各向同性，否则为各向异性。一般来说，前者是相对的，后者是绝对的。

假设某一物理量在空间域内空间点 $\boldsymbol{u}$ 上的点随机过程可简单概化为区域化变量 $Z(\boldsymbol{u})$。当加入对变量在时间域内分布的考虑时，区域化变量的概念可拓展为时空变量，则该物理量被进一步概化为空间域内空间点 $\boldsymbol{u}$ 上随时间域内 t 连续变化的点时空变量 $Z(t, \boldsymbol{u})$。

2.1.2 协方差函数与变差函数

1. 协方差函数

区域化变量 $Z(\boldsymbol{u})$在空间点 $\boldsymbol{u}+h_s$ 和 $\boldsymbol{u}$ 处的两个随机变量 $Z(\boldsymbol{u}+h_s)$和$Z(\boldsymbol{u})$的二阶混合中心矩定义为 $Z(\boldsymbol{u})$的协方差函数 cov 为

$$\mathrm{cov}[Z(\boldsymbol{u}+h_s),Z(\boldsymbol{u})]=E[Z(\boldsymbol{u}+h_s)Z(\boldsymbol{u})]-E[Z(\boldsymbol{u}+h_s)]E[Z(\boldsymbol{u})] \quad (2.1)$$

式中：h_s 为两点间的空间距离向量。

式（2.1）取决于空间点 $\boldsymbol{u}$ 的位置和 h_s。

相应的，时空变量 $Z(t,\boldsymbol{u})$ 的协方差函数 cov 为

$$\begin{aligned}\operatorname{cov}[Z(t+h_t,\boldsymbol{u}+h_s),Z(t,\boldsymbol{u})]&=E[Z(t+h_t,\boldsymbol{u}+h_s)Z(t,\boldsymbol{u})]\\&\quad-E[Z(t+h_t,\boldsymbol{u}+h_s)]E[Z(t,\boldsymbol{u})]\end{aligned}\tag{2.2}$$

式中：h_t 为两点间的时间滞后距。

式（2.2）取决于空间点 $\boldsymbol{u}$ 的位置、观测时间 t 以及 h_s 和 h_t。

上述公式中，若协方差函数值与 h_s 向量的方向性无关，则称变量相关性为各向同性，否则为各向异性。关于后者的理论模型研究和实践应用难度较大，本书仅讨论一般假设下各向同性的情况（下同）。

2. 变差函数

变差函数 γ（也称变异函数、半变差函数或半变异函数）的定义是随机变量增量函数的方差的一半。对于区域化变量的增量 $[Z(\boldsymbol{u}+h_s)-Z(\boldsymbol{u})]$ 和时空变量的增量 $[Z(t+h_t,\boldsymbol{u}+h_s)-Z(t,\boldsymbol{u})]$，$\gamma$ 的一般公式分别表示为（式中符号含义同上）

$$\begin{aligned}&\gamma[Z(\boldsymbol{u}+h_s),Z(\boldsymbol{u})]\\&=0.5\operatorname{Var}[Z(\boldsymbol{u}+h_s)-Z(\boldsymbol{u})]\\&=0.5E[Z(\boldsymbol{u}+h_s)-Z(\boldsymbol{u})]^2-0.5\{E[Z(\boldsymbol{u}+h_s)]-E[Z(\boldsymbol{u})]\}^2\end{aligned}\tag{2.3}$$

$$\begin{aligned}&\gamma[Z(t+h_t,\boldsymbol{u}+h_s),Z(t,\boldsymbol{u})]\\&=0.5\operatorname{Var}[Z(t+h_t,\boldsymbol{u}+h_s)-Z(t,\boldsymbol{u})]\\&=0.5E[Z(t+h_t,\boldsymbol{u}+h_s)-Z(t,\boldsymbol{u})]^2-0.5\{E[Z(t+h_t,\boldsymbol{u}+h_s)]-E[Z(t,\boldsymbol{u})]\}^2\end{aligned}\tag{2.4}$$

3. 基本假设

协方差函数和变差函数是地统计学研究的重要基础工具。一般地，围绕区域化变量或时空变量的统计推断常包含以下基本假设。

（1）严格平稳假设。通俗地讲，无论 h_s 或 h_t 如何变化，两组随机变量集合 $\{Z(\boldsymbol{u})\}$ 和 $\{Z(\boldsymbol{u}+h_s)\}$（空间域内）或 $\{Z(t,\boldsymbol{u})\}$ 和 $\{Z(t+h_t,\boldsymbol{u}+h_s)\}$（时空域内）间的相关性不依赖于空间点和时间点的绝对位置，且变量 Z 的各阶矩均存在且平稳。此理想情况在现实中很难满足，实际的地统计研究工作往往只作出一阶、二阶矩存在且平稳的假设即可，即所谓二阶平稳假设或弱平稳

假设。

(2) 二阶平稳假设。要求满足两个条件：一是在整个空间域或时空域内，变量 $Z(\boldsymbol{u})$ 或 $Z(t,\boldsymbol{u})$ 的数学期望 $E[Z(\boldsymbol{u})]$ 和 $E[Z(t,\boldsymbol{u})]$ 存在且为常数 m，与绝对位置 $\boldsymbol{u}$ 或 t 无关；二是在整个空间域或时空域内，协方差函数 $\mathrm{cov}[Z(\boldsymbol{u}+h_s),Z(\boldsymbol{u})]$ 或 $\mathrm{cov}[Z(t+h_t,\boldsymbol{u}+h_s),Z(t,\boldsymbol{u})]$ 存在且平稳。因此，在二阶平稳假设下，协方差函数仅取决于空间点和时间点的相对位置，即滞后距 h_s 和 h_t，简记为 $\mathrm{cov}(h_s)$ 或 $\mathrm{cov}(h_t,h_s)$。同理，适用于变差函数，记为 $\gamma(h_s)$ 或 $\gamma(h_t,h_s)$。

(3) 本征假设。本征假设（也称“内蕴假设”）的基本思想是在整个研究区内，随机变量自身的数学期望和协方差函数可以不存在，即不满足上述二阶平稳假设，但其增量 $[Z(\boldsymbol{u}+h_s)-Z(\boldsymbol{u})]$ 或 $[Z(t+h_t,\boldsymbol{u}+h_s)-Z(t,\boldsymbol{u})]$ 需满足数学期望存在且为 0、所有增量的方差函数（或变差函数）存在且平稳的条件，即变差函数仅依赖于相对位置 h_s 和 h_t。

(4) 准二阶平稳假设和准本征假设。准二阶平稳假设（或准本征假设）的含义是随机变量在整个空间域或时空域内不满足二阶平稳假设（或本征假设），但在有限大小的邻域内是二阶平稳（或本征平稳）的。此类假设一般均适用于描述现实中的大多数自然现象。因此，实际的地统计推断通常假定满足准二阶平稳假设条件，或至少满足准本征假设条件。

4. *样本协方差函数和样本变差函数*

样本协方差函数和样本变差函数是根据变量集合 $\{Z(\boldsymbol{u})\}$ 和 $\{Z(\boldsymbol{u}+h_s)\}$（空间域内）或 $\{Z(t,\boldsymbol{u})\}$ 和 $\{Z(t+h_t,\boldsymbol{u}+h_s)\}$（时空域内）各自在空间点 $\boldsymbol{u}_j$ 和时间点 t_δ 的观测样本值，即 $\{Z(\boldsymbol{u}_j),Z(\boldsymbol{u}_j+h_s)\}$ 和 $\{Z(t_\delta,\boldsymbol{u}_j),Z(t_\delta+h_t,\boldsymbol{u}_j+h_s)\}$，构造协方差函数 cov 和变差函数 γ 的经验估计值，分别记作 cov^* 和 $\hat{\gamma}$。其中，$j=1$，2，…，$M(h_s)$，$\delta=1$，2，…，$N_j(h_t)$。$M(h_s)$ 表示空间间隔为 h_s 的数据对的总个数，$N_j(h_t)$ 表示时间间隔 h_t 的数据对的个数。在二阶平稳（本征）假设下，cov^* 和 $\hat{\gamma}$ 的一般计算公式如下（Skøien 等，2006b；Montero 等，2015；Farmer，2016）。

针对空间域内的区域化变量：

$$\mathrm{cov}^*(h_s)=\frac{1}{M(h_s)}\sum_{j=1}^{M(h_s)}[Z(\boldsymbol{u}_j+h_s)-\overline{Z}(\boldsymbol{u}_j+h_s)][Z(\boldsymbol{u}_j)-\overline{Z}(\boldsymbol{u}_j)] \quad (2.5)$$

$$\hat{\gamma}(h_s)=\frac{1}{2M(h_s)}\sum_{j=1}^{M(h_s)}[Z(t,\boldsymbol{u}_j+h_s)-Z(t,\boldsymbol{u}_j)]^2 \tag{2.6}$$

针对时空域内的时空变量：

$$\operatorname{cov}^*(h_t,h_s)=\frac{1}{\sum_{j=1}^{M(h_s)}N_j(h_t)}\sum_{j=1}^{M(h_s)}\sum_{\delta=1}^{N_j(h_t)}[Z(t_\delta+h_t,\boldsymbol{u}_j+h_s)-\overline{Z}(t_\delta+h_t,\boldsymbol{u}_j+h_s)][Z(t_\delta,\boldsymbol{u}_j)-\overline{Z}(t_\delta,\boldsymbol{u}_j)] \tag{2.7}$$

$$\hat{\gamma}(h_t,h_s)=\frac{1}{2\sum_{j=1}^{M(h_s)}N_j(h_t)}\sum_{j=1}^{M(h_s)}\sum_{\delta=1}^{N_j(h_t)}[Z(t_\delta+h_t,\boldsymbol{u}_j+h_s)-Z(t_\delta,\boldsymbol{u}_j)]^2 \tag{2.8}$$

式中：$\overline{Z}(\cdot)$为样本算术平均数。

5. 变差函数的理论模型

变差函数的理论模型是具有解析表达式，用于拟合样本变差函数值 $\hat{\gamma}$ 并定量描述随机变量空间、时间变化特征的函数。描述变差函数的重要参数有：

（1）变程：变差函数趋近平稳时拐点所对应的空间距离。反映了数据空间自相关的最大距离，即变程外的样点不对估计结果产生直接影响。

（2）基台值：反映变量在空间域的总变异性，当采样点间的距离 h_s 增大时，变差函数从初始块金值开始所能达到的相对稳定的常数值。

（3）偏基台值：基台值与块金值之差。

（4）块金值：理论上，当采样点间的距离为 0 时，变差函数值应为 0。然而，由于测量误差的存在和自然现象在一定空间范围内的微观变异性，尽管两采样点非常接近，它们的变差函数值可能仍不为 0，即存在块金效应。当间隔距离 $h_s=0$ 时，$\gamma(0)=C_0$，称 C_0 为块金值。由此可知，C_0 是空间滞后为 0 时的变差函数值，为测量误差和低于采样间距的随机变异性的综合反映。

在二阶平稳（或本征）假设下，针对区域化变量的常用标准理论变差函数模型 $\gamma(h_s)$ 大致划分为：①有基台值模型，如球状模型、指数模型、高斯模型、有基台线性模型和纯块金效应模型等；②无基台值模型，包括幂函数模型、无基台线性模型和对数模型等；③孔穴效应模型。上述模型的一般表达式参见表 2.1。

表 2.1 空间变差函数理论模型

理论模型	函数表达式
线性模型	$\gamma(h_s)=\begin{cases} C_0 & (h_s=0) \\ Bh_s & (0<h_s<a) \\ C_0+C & (h_s>a) \end{cases}$
球状模型	$\gamma(h_s)=\begin{cases} 0 & (h_s=0) \\ C_0+C\left[\frac{3h_s}{2a}-\frac{1}{2}\left(\frac{h_s}{a}\right)^3\right] & (0<h_s<a) \\ C_0+C & (h_s>a) \end{cases}$
指数模型	$\gamma(h_s)=\begin{cases} 0 & (h_s=0) \\ C_0+C\left[1-\exp\left(-\frac{h_s}{a}\right)\right] & (h_s\neq0) \end{cases}$
高斯模型	$\gamma(h_s)=\begin{cases} 0 & (h_s=0) \\ C_0+C\left[1-\exp\left(-\frac{(3h_s)^2}{a^2}\right)\right] & (h_s\neq0) \end{cases}$
幂函数模型	$\gamma(h_s)=C_0+C\,(h_s)^\theta \quad (0<\theta<2)$
对数模型	$\gamma(h_s)=\ln(h_s)$
孔穴效应模型	$\gamma(h_s)=C_0+C\left[1-\exp\left(-\frac{h_s}{a}\right)\cos\left(2\pi\frac{h_s}{b}\right)\right]$

注 C_0 为块金值；B、θ、a 和 b 为常参数；C 为偏基台值。若 $B=0$，则为纯块金效应模型。

国内针对时空变量的理论变差函数模型虽有一定研究，但尚不多见（王亮等，2008；叶近天等，2014）。Skøien 等（2006a）总结和比较了在（准）二阶平稳（或本征）假设下的多种时空变差函数理论模型 $\gamma(h_t,h_s)$，并结合径流这一水文要素的特点提出了校正后的 4 种时空理论模型（表 2.2）。其中，时空指数模型已被国外多名研究学者应用于径流插值，并取得了良好的效果（如 Skøien 等，2007；Paiva 等，2015；de Lavenne 等，2016）。

表 2.2 时空变差函数理论模型

理论模型	函数表达式
时空指数模型	$\gamma(h_t,h_s)=\begin{cases} 0 & (h_s=0 \text{ 且 } h_t\neq0) \\ C_0+C\left[1-\exp\left(-\frac{\theta h_t+h_s}{a}\right)^b\right]+a_s h_s{}^{b_s}+a_t h_t{}^{b_t} & (h_s\neq0 \text{ 或 } h_t\neq0) \end{cases}$
Cressie - Huang 模型	$\gamma(h_t,h_s)=\begin{cases} 0 & (h_s=0 \text{ 且 } h_t\neq0) \\ C_0+C\left[1-\frac{1}{(\theta h_t+1)^{(d+1)/2}}\exp\left\{-\frac{b^2 h_s{}^2}{\theta h_t+1}\right\}\right]+ & \\ a_s h_s{}^{b_s}+a_t h_t{}^{b_t} & (h_s\neq0 \text{ 或 } h_t\neq0) \end{cases}$

续表

理论模型	函数表达式
Product - sum 模型	$\gamma(h_t,h_s)=\begin{cases}0 & (h_s=0\text{ 且 }h_t\neq0)\\ C_0+\gamma'(h_t)+\gamma'(h_s)-B\gamma'(h_t)\gamma'(h_s)+ & \\ a_sh_s{}^{b_s}+a_th_t{}^{b_t} & (h_s\neq0\text{ 或 }h_t\neq0)\end{cases}$ 式中，$\gamma(h_s)=C_s\{1-\exp[-(h_s/d_s)^{e_s}]\}$；$\gamma(h_t)=C_t[1-\exp(-(h_t/d_t)^{e_t})]$
分形模型	$\gamma(h_t,h_s)=\begin{cases}0 & (h_s=0\text{ 且 }h_t\neq0)\\ C_0+a_sh_s{}^{b_s}+a_th_t{}^{b_t} & (h_s\neq0\text{ 或 }h_t\neq0)\end{cases}$

注 C_0 为块金值；B、θ、a、b、d、d_s、d_t、e_s 和 e_t 为常参数；C 为时空联合偏基台值；C_s 为空间边缘偏基台值；C_t 为时间边缘偏基台值；常数 a_s、a_t、b_s 和 b_t 为反映时空变异性的参数。

上述理论变差函数模型依据加权最小二乘法原理来估计，即通过已知样本点的观测资料，寻找使得理论变差函数值与样本变差函数值之间残差［如 $\gamma(h_t,h_s)-\hat{\gamma}(h_t,h_s)$］的加权平方和最小的一组最优参数。其中，权重系数设置为每组空间间隔 h_s 或时间间隔 h_t 的数据对的个数占全部数据对的比例。详细的理论模型估算步骤可参见文献（Cressie，1985）。

6. *协方差函数与变差函数的关系*

协方差函数是从相似角度反映两个随机变量间的相关程度，通常是关于 h_s 和 h_t 的减函数。变差函数能同时描述变量的随机性和结构性，从差异角度衡量变量间的结构变异程度。现实中，可出现协方差函数不确定但变差函数存在的情况，如物理学上对经典的布朗运动现象的描述。在二阶平稳性假设下，协方差函数和变异函数可相互转换，表现为对偶结构形式（图 2.1）：

$$\begin{aligned}\gamma(h_s)&=0.5\mathrm{Var}[Z(\boldsymbol{u}+h_s)-Z(\boldsymbol{u})]\\&=0.5E\{[Z(\boldsymbol{u}+h_s)-m]-[Z(\boldsymbol{u})-m]\}^2\\&=0.5E[Z(\boldsymbol{u}+h_s)-m]^2+0.5E[Z(\boldsymbol{u})-m]^2-E\{[Z(\boldsymbol{u}+h_s)-m][Z(\boldsymbol{u})-m]\}\\&=\mathrm{Var}[Z(\boldsymbol{u})]-\mathrm{cov}[Z(\boldsymbol{u}+h_s),Z(\boldsymbol{u})]\\&=\mathrm{cov}(0)-\mathrm{cov}(h_s)\end{aligned}\tag{2.9}$$

对于时空变量，同理可推导出

$$\gamma(h_t,h_s)=0.5\mathrm{Var}[Z(t+h_t,\boldsymbol{u}+h_s)-Z(t,\boldsymbol{u})]=\mathrm{cov}(0,0)-\mathrm{cov}(h_t,h_s)\tag{2.10}$$

2.1.3 探索性数据分析

探索性数据分析（Exploratory data analysis，EDA）是 19 世纪 60 年代

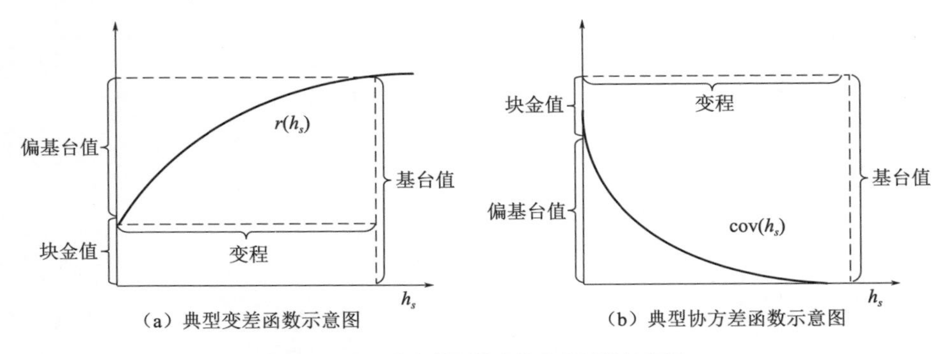

（a）典型变差函数示意图

（b）典型协方差函数示意图

图 2.1　典型的变差函数和协方差函数示意图

由 Tukey 面向数据分析提出的“让数据说话”的研究思路。其核心是在尽量少的先验理论假设下，通过对样本数据的分布特征、趋势变化和突变性等方面的全面分析，深入认识研究对象，能够为判断原始数据是否符合相关插值方法理论的基本假设（如平稳假设）和是否需要数据预处理提供必要的基础指导。

1. 数据分布特征

（1）直方图。直方图是一种快速观察数据分布特征、汇总数据统计值（平均值、标准差、最小值、最大值、中位数等）的有效手段。当数据集的平均值和中位数近似相同，可初步推测数据服从正态分布。

（2）正态 QQ 图。记样本数据 $Z=z_1, z_2, \cdots, z_n$ 的顺序统计量为 $z_{(1)}$，$z_{(2)}$，…，$z_{(i)}$，…，$z_{(n)}$，设 $\Phi^{-1}(\cdot)$ 是标准正态分布函数的反函数，正态 QQ 图是由式（2.11）坐标点构成的散点图。若散点近似地沿直线附近分布，则可认为数据来自正态分布总体：

$$\left[\Phi^{-1}\left(\frac{i-0.375}{n+0.25}\right), z_{(i)}\right] \quad (i=1,2,\cdots,n) \tag{2.11}$$

2. 趋势分析

随机变量趋势分析可分别于时间域内和空间域内执行。目前，有关时间序列趋势分析的方法众多，主要包括过程线法、滑动平均法、相关系数检验法、Spearman 秩次相关检验法和 Mann - Kendall 秩次相关检验法等（谢平等，2009；章诞武等，2013；李凌琪等，2015；Yan 等，2017）。本书分别介绍常用的针对时间序列的 Mann - Kendall 秩次相关检验法和针对空间序列的全局趋势图法。

(1) 时间序列的 Mann - Kendall 秩次相关检验法。Mann - Kendall (MK) 秩次相关检验法是世界气象组织(WMO)推荐并已广泛应用于水文气象资料的趋势显著性检验的一种方法(Mann,1945;Kendall,1975),具有不要求样本序列服从某一特定概率分布且不受少数异常值干扰的优点(江聪等,2012)。

1) 原始 MK 趋势检验法。其基本原理是:当某一实测样本 $Z=\{Z_t;\ t=1,2,\cdots,n\}$ 的时间序列长度 $n\geqslant 10$ 时,统计量 $S=\sum_{i=1}^{n-1}\sum_{j=i+1}^{n}\mathrm{sign}(z_j-z_i)$ 近似服从正态分布且满足:

$$\begin{cases} E(S)=0 \\ \mathrm{Var}(S)=\dfrac{n(n-1)(2n+5)+\sum_{i=1}^{sam}t_i(t_i-1)(2t_i+5)}{18} \end{cases} \tag{2.12}$$

其中,$\mathrm{sign}(z_j-z_i)=\begin{cases} 1 & (z_j>z_i) \\ 0 & (z_j=z_i) \\ -1 & (z_j<z_i) \end{cases}$,$sam$ 为样本序列中含有相同值的组数,t_i 为第 i 组中相同值的个数。

构造标准正态分布检验量 U_{MK}:

$$U_{\mathrm{MK}}=\begin{cases} (S-1)/\sqrt{\mathrm{Var}(S)} & (S>0) \\ 0 & (S=0) \\ (S+1)/\sqrt{\mathrm{Var}(S)} & (S<0) \end{cases} \tag{2.13}$$

其中,$S>0$ 意味着上升趋势,$S<0$ 为下降趋势。在显著性水平 $\alpha=0.05$ 下(下同),对原假设,即实测样本无显著时间趋势,进行双边检验。

设 $U_{1-\alpha/2}$ 为标准正态分布函数 $\Phi(\cdot)$ 的上 $\alpha/2$ 分位点。假如 $|U_{\mathrm{MK}}|\leqslant U_{1-\alpha/2}=1.96$ 或 $p=2[1-\Phi(|U_{\mathrm{MK}}|)]\geqslant\alpha$,则接受此原假设;否则若 $|U_{\mathrm{MK}}|>U_{1-\alpha/2}=1.96$ 或 $p<\alpha$ 时,则认为检测样本存在显著趋势。

2) TFPW - MK 趋势检验法。von Storch (1995) 指出原始序列的自相关性会在一定程度上导致原始 MK 趋势检测结果失真,从而提出了加入预置白 (Pre - Whitening) 程序,并在美国、加拿大等国的流域上得到了广泛验证 (Douglas 等,2000)。Yue 等 (2002) 考虑到预置白程序会削弱对真实趋势的识别能力，从而将此方法改进为去趋势预置白程序，记为 Trend - free pre - whitening MK（TFPW - MK）法。

TFPW - MK 检验法的基本原理如下：

假设某一待测样本序列 $Z=\{Z_t;\ t=1,\ 2,\ \cdots,\ n\}$ 存在一阶自相关性和线性趋势 $\bar{\omega}=\underset{\forall i<j}{\text{median}}[(X_j-X_i)/(j-i)]$（Sen，1968），其中 median［·］为中位数函数。首先计算去趋势序列 $J_t=Z_t-\bar{\omega}t$ 并检测 J_t 的一阶自相关系数 ρ_1 的显著性。若 ρ_1 不显著，即满足 $\rho_1\in[(-1-1.645\sqrt{n-2})/(n-1),(-1+1.645\sqrt{n-2})/(n-1)]$，则对 Z_t 进行原始 MK 检验，否则去除 ρ_1 的影响来获取独立序列 $J_t'=J_t-\rho_1 J_{t-1}$。重新补上趋势项得到新序列 $J_t''=J_t'+\bar{\omega}t$。J_t'' 不再受一阶自相关性的影响，同时保留了原始序列的趋势信息，最后将原始 MK 法应用于 J_t'' 来检验 Z 的趋势显著性。

3）SK2016 - MK 趋势检验法。Serinaldi 等（2016）从理论上证明了 TFPW - MK趋势检验法的实质是“伪预置白”，可能会导致不显著的趋势被错误诊断，并在此方法基础上推导出了真实的去趋势预置白序列 J_t''' 应为

$$J_t'''=\frac{1}{1-\rho_1}J_t'+\bar{\omega}t \tag{2.14}$$

式中符号意义同前。

最终将原始 MK 法应用于 J_t''' 来检验 Z 的趋势显著性。本书将此法简记作 SK2016 - MK 趋势检验法。

（2）空间序列的全局空间趋势图法。全局空间趋势图法的原理是将各空间点的坐标以竖棒的形式表示在三维空间坐标系内，并投影 Z 于东西和南北两个方向组成的正交平面。为避免造成数据趋势面过度拟合的风险，通常采用结构简单的确定性函数式求解投影点的最佳拟合线，例如一阶或二阶多项式。如果该拟合线呈“平直型”，则说明不存在空间趋势，反之则需要进行趋势移除，或者采用泛克里金法处理（汤国安等，2012）。

3. 突变点与离群点识别

（1）时间序列突变点检验法。水文气象时间序列突变点检验方法有 Pettitt（1979）非参数突变点检验法、Lee - Heghinan 法、有序聚类法、滑动秩和法、滑动 F 检验法、滑动 T 检验法、最优信息二分割模型、R/S 检验法、Brown - Forsythe 检验法和时变矩模型检验法等（夏军等，2001；熊立华等，

2003；谢平等，2009；宋松柏等，2012；Xiong 等，2015）。

1）原始 Pettitt 突变点检验法。该法计算简便且不受少数异常值干扰，在水文、气象等领域最为常用（杨大文等，2015）。其基本原理如下：

以假设的某一时间序列 $Z=\{Z_t;\ t=1,2,\cdots,n\}=z_1,z_2,\cdots,z_n$ 最可能突变时间 $t'(1\leqslant t'\leqslant n)$ 为分割点，将样本序列分为 $z_1,z_2,\cdots,z_{t'}$ 和 $z_{t'+1},z_{t'+2},\cdots,z_n$ 两个分别服从分布 $F_Z^1(z)$ 和 $F_Z^2(z)$ 的部分，在显著性水平 $\alpha=0.05$ 下，检验 $F_Z^1(z)$ 和 $F_Z^2(z)$ 是否为同一分布。计算统计量 $U_{t',n}$：

$$U_{t',n}=U_{t'-1,n}+V_{t',n}\quad(t'=2,\cdots,n)\tag{2.15}$$

其中：

$$V_{t',n}=\sum_{j=1}^{n}\operatorname{sign}(z_{t'}-z_j)$$

$\operatorname{sign}(z_{t'}-z_j)$ 和 n 含义同前，其中，当 $t'=1$ 时，$U_{1,n}=V_{1,n}$。

最可能突变时间 t' 对应的统计量 $K_{t'}$ 为

$$K_{t'}=\max_{1\leqslant t'\leqslant n}|U_{t',n}|\tag{2.16}$$

突变点的显著性水平为

$$p=2\exp[-6K_{t'}^2/(n^3+n^2)]\tag{2.17}$$

若 $p>\alpha$，则接受原假设：样本不存在显著的时间突变点 t'；否则若 $p<\alpha$，则认为样本在时间位置 t' 处突变。

2）SK2016 - Pettitt 突变点检验法。Serinaldi 等（2016）同样指出了一阶自相关性对突变点检验的干扰，并依据类似 SK2016 - MK 趋势检验法的预置白程序，对原始 Pettitt 突变检验法进行了改进，本书简记作 SK2016 - Pettitt 突变检验法。

SK2016 - Pettitt 检验法的基本计算步骤是：假如 $K_{t'}$ 显著，则分别计算被突变点 t' 分割的两个样本序列 $z_1,z_2,\cdots,z_{t'}$ 和 $z_{t'+1},z_{t'+2},\cdots,z_n$ 各自的均值 μ_1 和 μ_2，记二者之间的增量为 $\Delta=\mu_2-\mu_1$；将原始序列去除突变项，得到如下序列：

$$J_t=\begin{cases}Z_t & (t=1,2,\cdots,t')\\ Z_t-\Delta & (t=t'+1,t'+2,\cdots,n)\end{cases}\tag{2.18}$$

并进一步剔除 J_t 的一阶显著自相关系数 ρ_1 的影响，得到独立序列 $J_t'=J_t-\rho_1 J_{t-1}$。重新为 J_t' 补上突变项并进行校正，可得

$$J_t''=\frac{1}{1-\rho_1}J_t'+\Delta\tag{2.19}$$

最后，将原始 Pettitt 法应用于 J''_t 来检验 Z 的突变显著性。

（2）空间序列离群点识别法。空间序列离群点识别分为两类：针对全局离群点，即某观测样本点明显偏离于数据集所有其他数据，可应用直方图或样本变差/协方差函数云图查找；针对局部离散点，即某观测样本的值与数据集全部样点相比未有明显偏差，但相对于其空间近邻点呈现偏大或偏小的异常值，可应用 Voronoi 图（或泰森多边形）识别（汤国安等，2012）。真实离群点反映的是变量实际存在的空间变化中的异常现象，应引起特别注意。反之，如果是由测量或数据输入误差所引起，则应对异常值进行剔除或修正。

2.1.4 数据预处理

1. 正态化处理

地统计学领域中多种插值预测方法不强制要求数据来自正态分布。但值得注意的是，某些 Kriging 模型（如普通 Kriging 法、简单 Kriging 法和泛 Kriging 法）关系到变差或协方差函数理论模型最优估计的计算，则要求数据必须服从正态分布（Gottschalk，2006）。已有大量研究表明，Kriging 模型对于来自正态分布的数据预测效果最优。因此，基于 2.1.3 节的分析，首先对检测结果不符合正态分布的原始样本 Z 进行数据变换。常规方法主要有对数变换：

$$G(Z)=\ln Z \tag{2.20}$$

和 Box - Cox 变换（Box 等，1964）：

$$G(Z)=[(Z+\Xi)^c-1]/c \quad (c\neq 0) \tag{2.21}$$

式中：固定常数 c 和 Ξ 由极大似然法估计所得。考虑到径流值的非负性，Ξ 通常设置为 0。

2. 去嵌套处理

径流信息可被处理为上下游累积的流量（单位：m^3/s）或者集水区面积平均化的径流深（单位：mm/月）的形式。其观测资料中，源头站的流量信息会因为流域的上下游河网结构而反复叠加，导致径流相关性的部分信息被重复和夸大，而部分信息却被隐藏或埋没，从而造成实际的有效样本量减小（Arnell，1995）。

为了解决这个问题，对各个观测站点的流量序列进行去嵌套处理。定义流域出口控制集水面积为总空间域 Ω，出口站点 $\boldsymbol{u}$ 处的流量序列表示为 $Q(t,\Omega)$。流域内 M 个测站点处 $\boldsymbol{u}_i(i=1,2,\cdots,M)$ 的去嵌套集水面积 $\omega_i(i=1,2,\cdots,M)$ 的提取依据式（2.22）：

$$\begin{cases}\omega_i = A_i - \sum\limits_{s}\omega_s \\ \sum\limits_{i=1}^{M}\omega_i = \Omega\end{cases} \tag{2.22}$$

式中：s 为站点 $\boldsymbol{u}_i$ 上游所有测站；A_i 为该站点的实际总集水面积。

若 i 代表源头站（总集水面积内没有任何上游站），ω_i 恰等于 A_i。任意一个去嵌套集水区 ω_i 的流量 $Q(t,\omega_i)$ 定义为实际流量观测值减去该区上游入流的净流量值（除源头站外）：

$$Q(t,\omega_i) = Q(t,A_i) - \sum_{s}Q(t,A_s) \tag{2.23}$$

或表示成去嵌套集水面积内各空间点 $\boldsymbol{u}$ 的瞬时流量积分的形式：

$$Q(t,\omega_i) = \iint_{\boldsymbol{u}\in\omega_i}Q(t,\boldsymbol{u})\mathrm{d}\boldsymbol{u} \tag{2.24}$$

2.2 普通 Kriging 插值原理

2.2.1 基于空间相关的普通 Kriging 模型

传统的地统计学中，Kriging 模型理论主要广泛应用于区域化变量的空间插值，其基本原理是假设某一研究变量 $\{Z(\boldsymbol{u})\}$ 在空间点 $\boldsymbol{u}_i\in\Omega$ 处的属性值为 $Z(\boldsymbol{u}_i)$，待插点 $\boldsymbol{u}_0\in\Omega$ 处的属性值 $Z(\boldsymbol{u}_0)$ 的 Kriging 插值估计值 $\hat{Z}(\boldsymbol{u}_0)$ 则为其有限空间邻域内已知采样点的同期属性值 $Z(\boldsymbol{u}_i)(i=1,2,\cdots,M)$ 的线性加权和：

$$\hat{Z}(\boldsymbol{u}_0) = \sum_{i}^{M}\upsilon_i Z(\boldsymbol{u}_i) \tag{2.25}$$

式中：υ_i 为 Kriging 权重系数，依据最优线性无偏估计（BLUE）条件进行估计：

$$\begin{cases}E[\hat{Z}(\boldsymbol{u}_0)-Z(\boldsymbol{u}_0)]=0 \quad (\text{无偏性}) \\ \mathrm{Var}[\hat{Z}(\boldsymbol{u}_0)-Z(\boldsymbol{u}_0)]\rightarrow\min \quad (\text{方差最小})\end{cases} \tag{2.26}$$

从二阶平稳或本征假设出发，在满足以上两个条件的情况下，引入拉格

朗日算子 μ，可以推导出以下方程组：

$$\begin{cases} \sum_{j=1}^{M} \upsilon_j \operatorname{cov}(\boldsymbol{u}_i, \boldsymbol{u}_j) - \mu = \operatorname{cov}(\boldsymbol{u}_i, \boldsymbol{u}_0) \quad (i = 1, 2, \cdots, M) \\ \sum_{j=1}^{M} \upsilon_j = 1 \end{cases} \tag{2.27}$$

根据式（2.9），式（2.27）也可用变差函数表示为

$$\begin{cases} \sum_{j=1}^{M} \upsilon_j \gamma(\boldsymbol{u}_i, \boldsymbol{u}_j) + \mu = \gamma(\boldsymbol{u}_i, \boldsymbol{u}_0) \quad (i = 1, 2, \cdots, M) \\ \sum_{j=1}^{M} \upsilon_j = 1 \end{cases} \tag{2.28}$$

式（2.28）的估计方差分别表示为

$$\begin{aligned} \operatorname{Var}[\hat{Z}(\boldsymbol{u}_0) - Z(\boldsymbol{u}_0)] &= \operatorname{cov}(\boldsymbol{u}_0, \boldsymbol{u}_0) - \sum_{j=1}^{M} \upsilon_j \operatorname{cov}(\boldsymbol{u}_i, \boldsymbol{u}_j) + \mu \\ &= \sum_{j=1}^{M} \upsilon_j \gamma(\boldsymbol{u}_i, \boldsymbol{u}_j) - \gamma(\boldsymbol{u}_0, \boldsymbol{u}_0) + \mu \end{aligned} \tag{2.29}$$

将式（2.28）或式（2.29）计算得到的 υ_j 代入式（2.25）即可求出 $\hat{Z}(\boldsymbol{u}_0)$。由于采用的是点估计且 γ 函数仅为空间点 $\boldsymbol{u}_i$ 和 $\boldsymbol{u}_j$ 相对距离的函数，$\gamma(\boldsymbol{u}_i, \boldsymbol{u}_j)$ 值可采用欧式距离 $|\boldsymbol{u}_i - \boldsymbol{u}_j|$（Farmer，2016）进行计算。去了区别起见，记区域化变量的“点”变差函数值为

$$\gamma(\boldsymbol{u}_i, \boldsymbol{u}_j) = \gamma^p(|\boldsymbol{u}_i - \boldsymbol{u}_j|) = \gamma^p(h_s) \tag{2.30}$$

式（2.28）或式（2.29）的求解可通过代入 $|\boldsymbol{u}_i - \boldsymbol{u}_j|$ 到拟合最优的理论模型 γ（h_s）（参见 2.1.2 节）中进行计算。

上述插值方程组即普通空间 Kriging 模型（简记为 S _ OK）。理想情况下，当变量的期望 $E[Z(\boldsymbol{u})]$为已知常数时，由式（2.25）推导的线性无偏最优估计方程组则称作简单 Kriging 模型。

2.2.2　基于时空相关的普通 Kriging 模型

基于空间相关的 Kriging 模型插值方法仅适用于解决空间各点上规则变化的时间序列的预测。当空间上某点的观测时间序列呈现不规律变化（如间断性）抑或是对时间序列的插值精度有更高的要求时，引入时空变量的概念到 Kriging 模型，并全面考虑变量在时间、空间上的相关性结构则十分必要。

基于时空相关的普通 Kriging 模型（简记作 ST _ OK）是将区域化变量$\{Z(\boldsymbol{u})\}$的概念延伸为时空变量$\{Z(t,\boldsymbol{u})\}$，衡量其基于不同空间距 h_s 和时间距 h_t 的相关性结构。假设某一研究变量集合$\{Z(t,\boldsymbol{u})\}$在空间点 $\boldsymbol{u}_i \in \Omega$、时间点 $t_\eta \in U$（U 表示时间域范围）处的属性值为 $Z(t_\eta,\boldsymbol{u}_i)$，待插点 $\boldsymbol{u}_0 \in \Omega$ 在时间点 $t_0 \in U$ 处的属性值 $Z(t_0,\boldsymbol{u}_0)$的 Kriging 插值估计值 $\hat{Z}(t_0,\boldsymbol{u}_0)$则为其有限空间、时间邻域内已知采样点的属性值 $Z(t_\eta,\boldsymbol{u}_i)(i=1,2,\cdots,M,\eta=1,2,\cdots,N)$的线性加权和：

$$\hat{Z}(t_0,\boldsymbol{u}_0) = \sum_{i}^{M}\sum_{\eta}^{N}\upsilon_{i\eta}Z(t_\eta,\boldsymbol{u}_i) \tag{2.31}$$

相应地，在二阶平稳（或本征假设）和 BLUE 估计条件下，可得普通时空 Kriging 方程组如下（以变差函数形式表示）：

$$\begin{cases}\sum_{j=1}^{M}\sum_{\zeta=1}^{N}\upsilon_{j\zeta}\gamma(t_\eta,t_\zeta,\boldsymbol{u}_i,\boldsymbol{u}_j)+\mu=\gamma(t_\eta,t_0,\boldsymbol{u}_i,\boldsymbol{u}_0) \quad (i=1,2,\cdots,M;\eta=1,2,\cdots,N)\\ \sum_{j=1}^{M}\sum_{\zeta=1}^{N}\upsilon_{j\zeta}=1\end{cases} \tag{2.32}$$

式（2.32）中估计方差为

$$\mathrm{Var}[\hat{Z}(t_0,\boldsymbol{u}_0)-Z(t_0,\boldsymbol{u}_0)]=\sum_{j=1}^{M}\sum_{\zeta=1}^{N}\upsilon_{j\zeta}\gamma(t_\eta,t_\zeta,\boldsymbol{u}_i,\boldsymbol{u}_j)-\gamma(t_0,t_0,\boldsymbol{u}_0,\boldsymbol{u}_0)+\mu \tag{2.33}$$

由于采用的是点估计且变差函数 γ 仅为空间点和时间点相对距离的函数，$\gamma(t_\eta,t_\zeta,\boldsymbol{u}_i,\boldsymbol{u}_j)$值可通过分别代入空间距离$|\boldsymbol{u}_i-\boldsymbol{u}_j|$和时间距离$|t_\eta-t_\zeta|$到拟合最优的理论模型 γ（h_t，h_s）（参见 2.1.2 节）中进行计算，进而求解 $\upsilon_{j\zeta}$，并根据式（2.31）估计 $\hat{Z}(t_0,\boldsymbol{u}_0)$。为了区别，将时空变量的“点”变差函数值记为

$$\gamma(t_\eta,t_\zeta,\boldsymbol{u}_i,\boldsymbol{u}_j)=\gamma^p(|t_\eta-t_\zeta|,|\boldsymbol{u}_i-\boldsymbol{u}_j|)=\gamma^p(h_t,h_s) \tag{2.34}$$

Skøien 等（2007）分析发现，在量化径流时空相关结构时，考虑时间滞后距 h_t 过长的观测数据的影响并不意味着插值精度的提高，反而增加计算负担，并建议实际研究中仅需考虑有限个待插值时间点近邻时间步长的观测数据即可。借鉴此研究成果并考虑到径流时间序列的短期自相关性，本

章中限制$N\leqslant 5$且t_0-t_η只在集合$\{-2\Delta t, -\Delta t, 0, \Delta t, 2\Delta t\}$内取值。$\Delta t$表示一个时间步长（如对于月径流序列，$\Delta t$代表一个月）。若$N=1$且$t_0-t_\eta=0$，该模型则简化为 S_OK 模型［式（2.25）］。

2.3　基于河网拓扑结构的 Top－Kriging 插值模型

2.3.1　基于空间相关的 Top－Kriging 模型

Skøien 等（2006a）提出了一种新的基于空间相关结构的普通 Kriging 模型（简记作 S_TOPK）。该模型不仅反映了变量的块段效应，而且通过考虑河网上下游的嵌套效应和非嵌套子流域间的径流相关性来进一步强化对河网拓扑结构影响的描述，因此被命名为拓扑（Topological）Kriging 或 Top－Kriging，目前已受到国内、国际上水文科学相关领域的关注（Merz 等，2008；Castiglioni 等，2011；Laaha 等，2014；顾西辉等，2014；Parajka 等，2015；de Lavenne 等，2016；Pugliese 等，2016）。

Top－Kriging 法将空间点$\boldsymbol{u}$处的点随机变量$\{Z(\boldsymbol{u})\}$在有限区域A（空间面积）上连续积分，得到具有空间（或几何）支撑A的随机变量：

$$Z(A)=\frac{1}{A}\int_{\boldsymbol{u}\in A}\kappa(\boldsymbol{u})Z(\boldsymbol{u})\mathrm{d}\boldsymbol{u} \tag{2.35}$$

式中：$\kappa(\boldsymbol{u})$为各空间点上$Z(\boldsymbol{u})$的权重函数。对于径流量而言，通常假定为线性积分，因此$\kappa(\boldsymbol{u})=1$。

设$Z(A)$在空间点$\boldsymbol{u}_i\in\Omega$处的属性值为$Z(A_i)$，待插值点$\boldsymbol{u}_0\in\Omega$处属性值$Z(A_0)$的 Top－Kriging 插值估计值$\hat{Z}(A_0)$是其有限空间邻域内已知采样点的同期属性值$Z(A_i)(i=1,2,\cdots,M)$的线性加权和：

$$\hat{Z}(A_0)=\sum_{i}^{M}\upsilon_i Z(A_i) \tag{2.36}$$

在二阶平稳（或本征）假设和 BLUE 估计条件下，应用拉格朗日乘数法，式（2.36）的求解依据其推导出的 Top－Kriging 方程组：

$$\begin{cases}\displaystyle\sum_{j=1}^{M}\upsilon_j\operatorname{cov}(A_i,A_j)+\mu=\operatorname{cov}(A_i,A_0) \quad (i=1,2,\cdots,M)\\ \displaystyle\sum_{j=1}^{M}\upsilon_j=1\end{cases} \tag{2.37}$$

或类似地，用变差函数表示为

$$\begin{cases} \sum_{j=1}^{M} \upsilon_j \gamma(A_i, A_j) + \mu = \gamma(A_i, A_0) \quad (i = 1, 2, \cdots, M) \\ \sum_{j=1}^{M} \upsilon_j = 1 \end{cases} \tag{2.38}$$

其中，Top - Kriging 估计方差为

$$\begin{aligned} \text{Var}[\hat{Z}(A_0) - Z(A_0)] &= \sum_{j=1}^{M} \text{cov}(A_0, A_0) - \upsilon_j \text{cov}(A_i, A_j) + \mu \\ &= \sum_{j=1}^{M} \upsilon_j \gamma(A_i, A_j) - \gamma(A_0, A_0) + \mu \end{aligned} \tag{2.39}$$

由于此处引入具有空间支撑 A 的随机变量 $Z(A)$，协方差函数值 $\text{cov}(A_i, A_j)$和变差函数值 $\gamma(A_i, A_j)$不能简单地依靠点与点间的几何相关结构计算。一种简便有效的衡量思路是通过空间点 $\boldsymbol{u} \in \Omega$ 处随机变量 $Z(\boldsymbol{u})$的“点”变差函数值同化出“面”上 $Z(A)$的空间相关结构信息。

根据 Cressie（1993）提出的协方差/变差函数规范化法，假设 $\gamma^p(|\boldsymbol{u}_i - \boldsymbol{u}_j|)$对描述有限空间内 $Z(\boldsymbol{u})$变量间的变异性有效，计算 $\gamma(A_i, A_j)$的一般数学公式为

$$\begin{aligned} \gamma(A_i, A_j) &= 0.5\text{Var}[Z(A_i) - Z(A_j)] = \gamma'(A_i, A_j) \\ &= \frac{1}{A_i A_j} \int\limits_{\boldsymbol{u}_i \in A_i} \int\limits_{\boldsymbol{u}_j \in A_j} \gamma^p(|\boldsymbol{u}_i - \boldsymbol{u}_j|) \mathrm{d}\boldsymbol{u}_i \mathrm{d}\boldsymbol{u}_j \\ &\quad - 0.5\left[\frac{1}{A_i^2} \iint\limits_{\boldsymbol{u}_i, \boldsymbol{u}_j \in A_i} \gamma^p(|\boldsymbol{u}_i - \boldsymbol{u}_j|) \mathrm{d}\boldsymbol{u}_i \mathrm{d}\boldsymbol{u}_j + \frac{1}{A_j^2} \iint\limits_{\boldsymbol{u}_i, \boldsymbol{u}_j \in A_j} \gamma^p(|\boldsymbol{u}_i - \boldsymbol{u}_j|) \mathrm{d}\boldsymbol{u}_i \mathrm{d}\boldsymbol{u}_j\right] \end{aligned} \tag{2.40}$$

式中，$\gamma'(A_i, A_j)$称作规范化变差函数，也可记作 $\gamma'(A_i, A_j) = \gamma'(|\boldsymbol{u}_i - \boldsymbol{u}_j|) = \gamma'(h_s)$。$\gamma^p(|\boldsymbol{u}_i - \boldsymbol{u}_j|)$是由最优拟合理论模型 $\gamma(h_s)$计算（参见 2.1.2 节），并最终用于求解式（2.36）。

值得注意的是，由于式（2.40）中协方差/变差函数的规范化涉及大量积分数值计算，实际研究求解复杂且运算成本高。针对径流空间协方差相关结构的规范化计算，Gottschalk（1993b）和 Gottschalk 等（2011）提出并建议以不同子流域内空间点的“平均距离”取代对所有不同空间点的距离衡量，从而达到简化运算的目的。考虑到流域河网水系结构和各子流域面积不同的影响，该“平均距离”采用 Ghosh 距离（Sauquet，2006）进行定义：

$$D_{A_iA_j} = \frac{1}{A_iA_j}\int_{\boldsymbol{u}_i\in A_i}\int_{\boldsymbol{u}_j\in A_j}|\boldsymbol{u}_i - \boldsymbol{u}_j|\,\mathrm{d}\boldsymbol{u}_i\mathrm{d}\boldsymbol{u}_j \tag{2.41}$$

相较于欧氏距离，Ghosh 距离能更好地反映地理单元间的相似性和嵌套关系。二者存在如下不等式关系：

$$D_{A_iA_j} \geqslant |\boldsymbol{u}_{G_i} - \boldsymbol{u}_{G_j}| \tag{2.42}$$

其中，$\boldsymbol{u}_{G_i}$ 和 $\boldsymbol{u}_{G_j}$ 分别是空间面 A_i 和 A_j 的几何重心。当 A_i 和 A_j 没有空间嵌套关系时，不等式两边相等。根据上述方法，式（2.40）可简化为

$$\gamma'(A_i, A_j) \approx \gamma^p(D_{A_iA_j}) - 0.5[\gamma^p(D_{A_iA_i}) + \gamma^p(D_{A_jA_j})] \tag{2.43}$$

式（2.43）的应用合理性已在前人研究（Skøien 等，2006a；de Lavenne 等，2016）中得到证实。

2.3.2　基于时空相关的 Top - Kriging 模型

本书根据 Skøien 等（2006a）提出的 S _ TOPK 模型的基本原理，考虑了一种基于时空相关的 Top - Kriging 模型（简记作 ST _ TOPK）。首先，将空间点 $\boldsymbol{u}$、时间点 t 上的点随机变量 $\{Z(t,\boldsymbol{u})\}$ 在有限区域 A（空间面积）上连续积分，得到具有空间（或几何）支撑 A 的随机变量 $Z(t,A)$：

$$Z(t,A) = \frac{1}{A}\int_{\boldsymbol{u}\in A}\kappa(\boldsymbol{u})Z(t,\boldsymbol{u})\mathrm{d}\boldsymbol{u} \tag{2.44}$$

其中，空间点 $Z(t,\boldsymbol{u})$的权重函数依然假定为 $\kappa(\boldsymbol{u})=1$。

设 $Z(t,A)$在空间点 $\boldsymbol{u}_i\in\Omega$、时间点 $t_\eta\in U$ 处的属性值为 $Z(t_\eta, A_i)$，待插点 $\boldsymbol{u}_0\in\Omega$ 在时间点 $t_0\in U$ 处的属性值 $Z(t_0, A_0)$的 Top - Kriging 插值估计值 $\hat{Z}(t_0, A_0)$是其有限空间、时间邻域内已知采样点的属性值 $Z(t_\eta, A_i)(i=1, 2,\cdots,M;\eta=1,2,\cdots,N)$的线性加权和：

$$\hat{Z}(t_0, A_0) = \sum_{i}^{M}\sum_{\eta}^{N}\upsilon_{i\eta}Z(t_\eta, A_i) \tag{2.45}$$

在二阶平稳（或本征）假设和 BLUE 估计条件下，此时空 Top - Kriging 方程组可推导为（以变差函数表示，式中符号意义同前）

$$\begin{cases}\displaystyle\sum_{j=1}^{M}\sum_{\zeta=1}^{N}\upsilon_{j\zeta}\gamma(t_\eta,t_\zeta,A_i,A_j) + \mu = \gamma(t_\eta,t_0,A_i,A_0) \quad (i=1,2,\cdots,M;\eta=1,2,\cdots,N)\\ \displaystyle\sum_{j=1}^{M}\sum_{\zeta=1}^{N}\upsilon_{j\zeta} = 1\end{cases} \tag{2.46}$$

时空 Top－Kriging 的估计方差为

$$\mathrm{Var}[\hat{Z}(t_0,A_0)-Z(t_0,A_0)]=\sum_{j=1}^{M}\sum_{\zeta=1}^{N}\upsilon_{j\zeta}\gamma(t_\eta,t_\zeta,A_i,A_j)-\gamma(t_0,t_0,A_0,A_0)+\mu \tag{2.47}$$

同样的，限制 $N\leqslant 5$ 且 t_0-t_η 只在集合 $\{-2\Delta t,\ -\Delta t,\ 0,\ \Delta t,\ 2\Delta t\}$ 内取值。若 $N=1$ 且 $t_0-t_\eta=0$，该模型即简化为 S _ TOPK 模型［式（2.36）］。

根据式（2.40），同理可得 $\gamma(t_\eta,t_\zeta,A_i,A_j)$ 的规范化变差函数值 $\gamma'(t_\eta,t_\zeta,A_i,A_j)$ 的简化计算公式为

$$\begin{aligned}\gamma(t_\eta,t_\zeta,A_i,A_j)&=\gamma'(t_\eta,t_\zeta,A_i,A_j)\\&=\frac{1}{A_iA_j}\int_{\boldsymbol{u}_i\in A_i}\int_{\boldsymbol{u}_j\in A_j}\gamma^p(|t_\eta-t_\zeta|,|\boldsymbol{u}_i-\boldsymbol{u}_j|)\mathrm{d}\boldsymbol{u}_i\mathrm{d}\boldsymbol{u}_j\\&\quad-0.5\Big[\frac{1}{A_i{}^2}\iint_{\boldsymbol{u}_i,\boldsymbol{u}_j\in A_i}\gamma^p(|t_\eta-t_\zeta|,|\boldsymbol{u}_i-\boldsymbol{u}_j|)\mathrm{d}\boldsymbol{u}_i\mathrm{d}\boldsymbol{u}_j\\&\quad+\frac{1}{A_j{}^2}\iint_{\boldsymbol{u}_i,\boldsymbol{u}_j\in A_j}\gamma^p(|t_\eta-t_\zeta|,|\boldsymbol{u}_i-\boldsymbol{u}_j|)\mathrm{d}\boldsymbol{u}_i\mathrm{d}\boldsymbol{u}_j\Big]\\&\approx\gamma^p(|t_\eta-t_\zeta|,D_{A_iA_j})-0.5[\gamma^p(|t_\eta-t_\zeta|,D_{A_iA_i})\\&\quad+\gamma^p(|t_\eta-t_\zeta|,D_{A_jA_j})]\end{aligned} \tag{2.48}$$

其中，$\gamma'(t_\eta,t_\zeta,A_i,A_j)$ 也可记作 $\gamma'(h_t,h_s)$，$\gamma^p(|t_\eta-t_\zeta|,D_{A_iA_j})$ 是由最优拟合理论模型 $\gamma(h_t,h_s)$ 代入时间距离 $|t_\eta-t_\zeta|$ 和空间距离 $D_{A_iA_j}$ 计算而来的（参见 2.1.2 节），并最终用于求解式（2.45）。

Skøien 等（2007）基于前人研究（Woods 等，1999；Skøien 等，2006b），将流域河网各点径流过程的非线性系统概化为“时空滤波器”，进一步拓展时空变量 $Z(t,A)$ 为同时具有空间支撑 A 和时间支撑 U 的随机变量 $Z(U,A)$，并基于流量瞬时单位线的理念，认为时间支撑 U 可由河网上各点的水文汇流效应体现，从而提出了一种新的针对 $Z(U,A)$ 的时空 Top－Kriging 和时空协同 Top－Kriging 插值模型。该方法涉及的模型结构和相应的变差函数规范化计算更为复杂且不易求解，本书暂不做深入探究。

2.4 基于 Kriging 模型的径流时空序列插值策略

2.4.1 插值计算步骤

基于 Kriging 模型的径流时空序列插值策略的具体计算步骤如下（流程简

图如图 2.2 所示）。

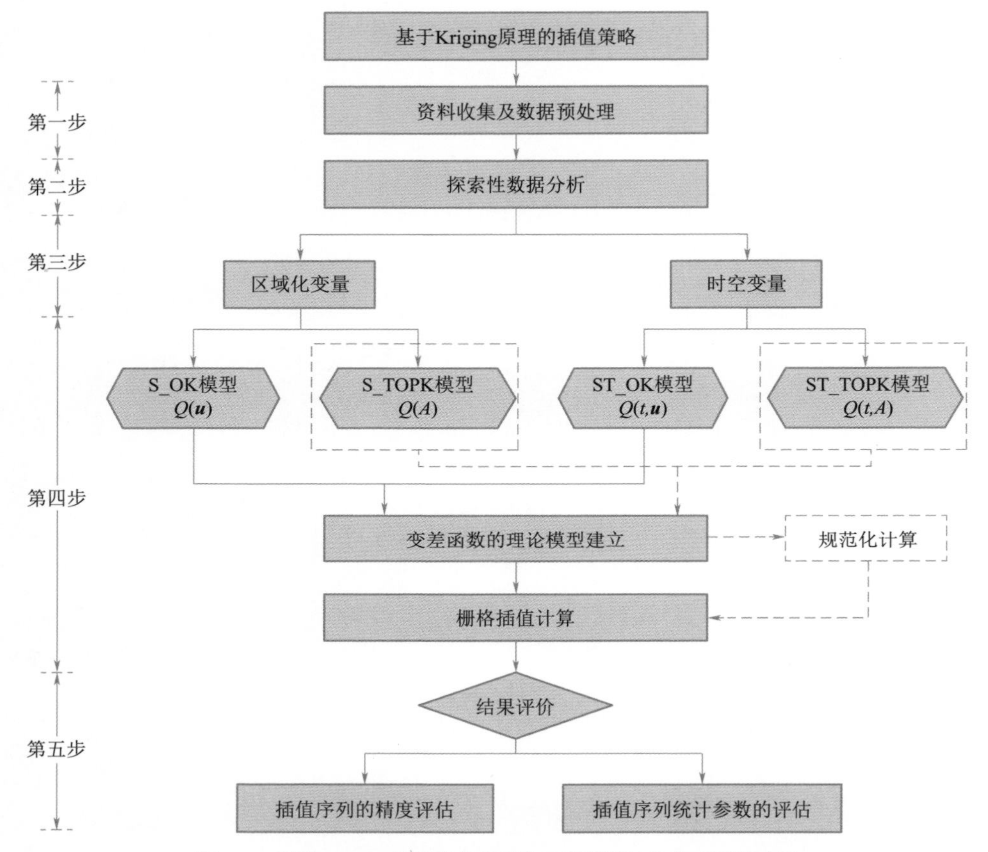

图 2.2　基于 Kriging 模型的径流时空序列插值策略的应用路线图

（1）资料收集及数据预处理。收集流域各水文站点的径流资料，基于流域 1km 分辨率的数字高程模型（DEM）提取河网水系结构和划分各站点控制子流域范围。径流序列变量的距离单位以千米（km）记，时间单位为月。参照 2.1.4 节，考虑到河网空间站点的径流数据资料有限，首先将各流域站点的原始径流观测数据进行去嵌套处理和对数变换。参照 2.1.3 节探索性数据分析，识别径流数据特征，判断是否需要进一步的数据预处理，并确定最终用于插值计算的区域化变量和时空变量的数据序列。

根据相关研究实践表明，尽管基于 Kriging 模型的插值结果会受到已知资料空间站点个数较少的不良影响，但影响插值结果的关键性因素主要为：是否满足待研究Kriging模型的空间同质性、平稳性等基本假设，以及能否准确地量化随机变量的相关性结构（Skøien等，2007）。例如，Gottschalk等（2015）基于Kriging模型在马格达莱纳河上游采用11个水文站点数据进行插值（流域面积：11998km^2；站点密度：0.0009个/km^2）；Yan等（2012b）使用淮河流域20个水文站点数据获得了较好的Kriging插值效果（流域面积：121000km^2；站点密度：0.0002个/km^2）。

（2）分别对区域化变量和时空变量建立最优点变差函数理论模型，并进行相应的变差函数规范化计算。

（3）分别基于S_OK、ST_OK、S_TOPK和ST_TOPK 4种Kriging模型构建插值方程组。代入（2）中计算所得的变差函数值来估算全部栅格插值结果，提取河网结构上待插点的径流值，并遵照（1）中的数据预处理进行逆运算得到最终的流量估计值。

（4）对4种Kriging插值模型的效果进行交叉验证（Cross-Validation）和"实际"验证（Real-Validation），并作精度评估（参见2.4.2节）。

交叉验证（Geisser，1975）的基本原理是依次假定各观测数据的要素属性值未知（验证数据集），利用其余已知观测值（训练数据集）对该假设未知的点上的数值进行估算，按照此方式遍历所有验证数据集中的点并得到全部已知点的估计值，通过比较实际观测值与估计结果的误差来评判插值的效果。其实质是将原始数据样本切割成较小子集，分别用作验证数据集和训练数据集进行循环运算，以克服有限样本数据条件下模型效能被误判的问题。根据子集的划分情形，又可细分为留一法（Leave-One-Out Cross-Validation）、留P法（Leave-P-Out Cross-Validation）、V折交叉验证法（V-Fold Cross-Validation）、RLT交叉验证、Bootstrap交叉验证、蒙特卡罗交叉验证等（Arlot等，2010），本书选取留一法。

"实际"验证，顾名思义，就是将参与插值建模的全部已知样本用作"训练数据集"，将额外收集获取的"验证数据集"视作"未知样点"，通过比较"未知样点"观测值和其估计结果来评价"真实"的插值效果。

2.4.2 插值精度评估准则

1. 径流插值序列的整体评估

对径流插值序列的整体估计效果分别采用*NSE*效率系数（Nash和

Sutcliffe，1970）［式（2.49）］、均方根误差 $RMSE$［式（2.50）］和平均绝对误差 MAE［式（2.51）］进行定量评价：

$$NSE = 1 - \frac{\sum_{t=1}^{n}(Q_{\text{obs},t} - Q_{\text{esi},t})^2}{\sum_{t=1}^{n}(Q_{\text{obs},t} - \overline{Q}_{\text{obs},t})^2} \tag{2.49}$$

$$RMSE = \sqrt{\frac{1}{n}\sum_{t=1}^{n}(Q_{\text{obs},t} - Q_{\text{esi},t})^2} \tag{2.50}$$

$$MAE = \frac{1}{n}\sum_{t=1}^{n}|Q_{\text{obs},t} - Q_{\text{esi},t}| \tag{2.51}$$

式中：$Q_{\text{obs},t}$ 为实测径流；$Q_{\text{esi},t}$ 为估计径流；$\overline{Q}_{\text{obs},t}$ 和 $\overline{Q}_{\text{esi},t}$ 分别为相应序列的平均值，n 为序列长度。

NSE 越接近于1，$RMSE$ 和 MAE 越接近于0，说明模型对径流序列的整体估计精度越高。

2. 径流插值序列统计特征参数的评估

对比流域各站点径流时间插值序列的统计特征参数估计值（平均值、标准差、中位数、最小值和最大值）与其原始观测序列的估计值之间的相对偏差，简记作［估计-观测］/观测（假设无偏基准为0）。

2.5 实例分析

2.5.1 研究流域与数据

选取我国长江上的赣江流域和汉江流域进行实例分析。

1. 赣江流域

赣江是长江的主要支流，发源于中国东南部赣闽边界的武夷山西麓，主河流全长约为766km，是自南向北纵贯江西省的重要水路交通干线，也是粤赣大运河的主要河道。赣江流域经鄱阳湖水系与长江干流相连，总集水面积约为83500km^2。该流域沿河地貌呈梯形变化：流域上游位于南部，以山脉和丘陵地貌形式为主，覆盖整个流域面积的64.7%；下游主要是位于北方的山谷平原。该流域属于亚热带湿润季风气候，降水充沛（年均降水量1580mm/年），降雨时空分布不均：梅雨季节（4—6月或者7—9月）暴雨频发，强降雨区（大于平均值，年均降水量

1800mm/年）多集中在山区，而弱降雨区（小于平均值，年均降水量1400mm/年）位于其中部和下游地带（Xiong等，2014；Yu等，2015a）。

2. 汉江流域

汉江是长江的最大支流，发源于陕西宁强县的嶓冢山，主河流全长约1577km，控制流域面积约159000km^2（Xiong等，2015），主要流经范围涉及湖北、陕西、河南等地区。汉江流域主要地属于长江流域的中游地带，以亚热带湿润、半湿润季风气候为主。受该气候的影响，流域内全年大部分降水集中于夏秋两季，连续最大4个月降水占年降水的55%～65%，而春冬两季降水量相对较少，多年平均降水量约为900 mm。从降水的空间分布看，降水量的总趋势符合我国整体的降水空间分布特征，呈现由南向北、由东向西递减的格局。汉江径流补给形式以降水为主，受降水季节性的影响，径流年内分配极为不均，主要集中在5—10月，约占全年的78%（Jiang等，2017）。

分别选取赣江流域的外洲水文站、汉江流域的仙桃水文站为各个研究流域的总出口断面。其中，赣江流域研究区的上游控制集水面积（80948km^2）覆盖了整个赣江流域全部集水面积的97%。汉江流域研究区选取为仙桃水文站以上、黄家港水文站以下的集水区域，该研究区（控制集水面积约为50000km^2）位于汉江流域下游，占整个汉江流域全部集水面积的约30%。

收集赣江流域研究区内28个水文测站1965—1987年（共23年）（站点密度：0.00035个/km^2）、汉江流域研究区内13个水文测站1984—2013年（共30年）（站点密度：0.00026个/km^2）的逐月径流观测记录数据作为研究数据，其中，每个流域研究区各包括5个含有缺失径流数据的测站。在赣江流域内，大部分水文测站为源头站（集水区为非嵌套区，不包括其他任何水文测站），只有5个测站位于赣江干流（即外洲、峡江、吉安、栋背和枫坑口）。汉江流域包含8个非嵌套区的源头站（即黄家港、新店铺、郭滩、谷城、白土岗、青峰、社旗和琚湾）和5个位于汉江干流河道、地处平原地带的嵌套区测站（即仙桃、沙洋、皇庄、襄阳和余家湖）。

收集了各流域内气象站点同时期的月降水和月平均蒸发量的完整记录数据，各水文站点控制子流域的月降水和月蒸发量通过泰森多边形法依据其站点控制范围内以及周边的气象站的分布情况来推求（Jiang等，2017；Li等，2017）。图2.3展示了各流域研究区内河网水系及水文和气象站点的空间分布。表 2.3 总结了各流域站点月径流数据的基本信息。

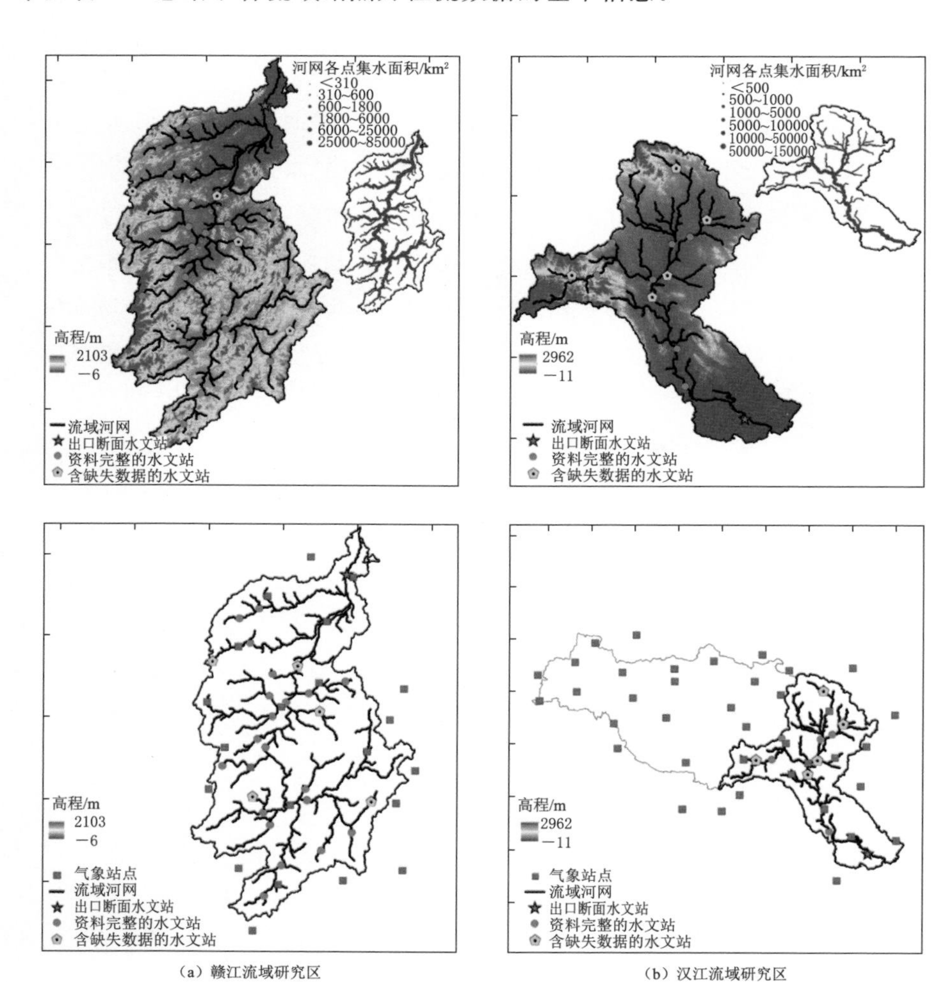

（a）赣江流域研究区　（b）汉江流域研究区

图 2.3　赣江流域和汉江流域研究区内河网水系及水文和气象站点空间分布图

表 2.3　赣江流域和汉江流域水文测站的数据基本信息

站点	集水面积/km²	月序列长度	径流平均值/(m³/s)	径流标准差/(m³/s)	径流变异系数	径流最小值/(m³/s)	径流最大值/(m³/s)
赣江流域（资料收集：1965.01—1987.12）							
外洲	80948	276	2108.4	1833.7	0.870	286.8	9147
滁州	289	276	12.3	8.1	0.661	2.6	49.0

续表

站点	集水面积/km^2	月序列长度	径流平均值/(m^3/s)	径流标准差/(m^3/s)	径流变异系数	径流最小值/(m^3/s)	径流最大值/(m^3/s)
杜头	435	276	13.9	13.3	0.956	1.8	99.0
枫坑口	3679	276	100.6	95.8	0.952	13.4	532
翰林桥	2689	276	71.6	72.2	1.009	5.1	461
鹤洲	374	276	9.5	9.6	1.015	0.7	56.9
林坑	994	276	27.6	24.9	0.901	2.5	111
麻州	1758	276	47.3	40.4	0.854	7.7	263
宁都	2372	276	71.7	66.1	0.922	9.0	358
牛头山	2710	276	82.1	70.0	0.853	12.9	356
茅洲	3110	276	89.0	70.4	0.791	14.3	439
赛塘	3073	276	79.5	74.6	0.939	8.4	462
上沙兰	5257	276	138.0	127.9	0.926	16.5	791
危坊	991	276	27.2	21.7	0.797	4.3	112
田头	3209	276	87.8	57.4	0.654	12.8	346.7
羊信江	569	276	14.5	13.9	0.960	1.5	88.2
新田	3533	276	98.5	104.4	1.060	6.6	683
窑下坝	1935	276	48.0	44.9	0.934	4.8	272
宜丰	519	276	16.9	13.7	0.813	2.9	91.1
寨头	230	276	6.5	6.7	1.033	0.2	48.1
吉安	56223	276	1445.8	1276.0	0.883	192.4	6820
峡山	15975	276	426.3	417.8	0.980	42.5	2278
栋背	40231	276	1023.1	907.7	0.887	142.6	5062
瑞金*	911	72	25.1	31.3	1.246	1.0	192
安和*	246	144	6.3	6.1	0.963	0.8	34.5
芦溪*	331	41	10.1	7.5	0.743	1.2	53.7
峡江*	62724	32	1552.9	1392.5	0.897	197.9	7576
木口*	1690	180	45.8	46.9	1.024	3.6	220

续表

站点	集水面积/km^2	月序列长度	径流平均值/(m^3/s)	径流标准差/(m^3/s)	径流变异系数	径流最小值/(m^3/s)	径流最大值/(m^3/s)
汉江流域(资料收集:1984.01 ~ 2013.12)							
仙桃	144683	359	1491.8	1048.7	0.703	402	7651
沙洋	95217	359	1431.7	1024.7	0.716	391	7600
皇庄	103261	359	1362.9	998.6	0.733	345	7520
襄阳	142056	359	1151.5	806.6	0.700	309	6660
黄家港	5781	359	1026.2	726.8	0.708	242	5940
谷城	144219	359	35.1	52.4	1.495	0.582	509
新店铺	10958	359	61.7	93.4	1.514	2.81	730
郭滩	6877	359	47.1	73.8	1.568	1.34	514
白土岗*	1130	72	13.1	19.4	1.484	0.84	230
社旗*	1044	90	7.4	11.2	1.506	1.14	137.4
余家湖*	130624	117	1330.0	1038.4	0.781	405.5	7020.2
青峰*	2082	72	23.9	22.8	0.955	3.1	125.1
琚湾*	2787	103	15.7	25.7	1.631	0.7	163.0

注 * 为含缺失数据的水文测站。

2.5.2 原始数据预处理

选取 SK2016 - MK 和 SK2016 - Pettitt 方法对两个流域研究区各站点的月径流序列分别进行趋势和突变检验,结果见表 2.4。由此可知,赣江流域和汉江流域的月径流存在不同程度的上升或下降的变化倾向,但其趋势性和可能的突变点均未通过显著性水平 0.05 下的检验。将两个流域各站点的原始径流序列进行去嵌套处理和对数变换,分别以各流域的 4 个站点,即外洲、赛塘、翰林桥、枫坑口(赣江流域)和皇庄、襄阳、谷城、郭滩(汉江流域)为例,正态 QQ 图的检验结果如图 2.4 所示,并就此转化数据进一步开展探索性数据分析。研究结果发现该数据近似服从正态分布,空间和时间全局未见明显趋势或离群点,无需再次进行数据预处理,可认为其基本符合(准)二阶平稳(或本征)假设。

表 2.4 赣江流域和汉江流域月径流序列趋势和突变检验

站点	SK2016 – MK 检验		SK2016 – Pettitt 检验		站点	SK2016 – MK 检验		SK2016 – Pettitt 检验	
	U_{MK}	p 值	$K_{t'}$	p 值		U_{MK}	p 值	$K_{t'}$	p 值
赣 江 流 域									
外洲	−0.32	0.75	2346	0.41	田头	0.59	0.55	2762	0.22
滁州	0.16	0.87	1644	0.92	羊信江	1.59	0.11	3454	0.06
杜头	0.75	0.46	3302	0.08	新田	−0.34	0.73	3130	0.12
枫坑口	1.13	0.26	3416	0.06	窑下坝	0.71	0.48	1974	0.65
翰林桥	0.41	0.68	2296	0.44	宜丰	0.40	0.69	2166	0.52
鹤洲	−0.16	0.87	3374	0.08	寨头	−0.19	0.85	2842	0.20
林坑	0.11	0.92	2728	0.24	吉安	0.66	0.51	2142	0.53
麻州	1.19	0.23	2624	0.28	峡山	1.07	0.29	1762	0.82
宁都	−0.21	0.83	2376	0.39	栋背	0.78	0.44	2336	0.42
牛头山	−0.52	0.60	2340	0.41	瑞金*	1.47	0.14	1330	0.57
茅洲	−0.40	0.69	2288	0.44	安和*	0.31	0.75	762	0.43
赛塘	0.28	0.78	2606	0.28	芦溪*	−0.27	0.79	2337	0.16
上沙兰	0.37	0.71	2092	0.57	峡江*	0.41	0.68	2192	0.27
危坊	−0.61	0.54	2179	0.52	木口*	0.46	0.65	106	0.82
汉 江 流 域									
仙桃	0.17	0.86	5079	0.07	郭滩	−0.89	0.37	5064	0.06
沙洋	0.37	0.71	5004	0.08	白土岗*	−0.78	0.43	270	0.60
皇庄	0.05	0.96	5143	0.06	社旗*	−0.72	0.47	548	0.16
襄阳	−0.15	0.88	4034	0.24	余家湖*	1.75	0.08	722	0.27
黄家港	0.03	0.97	4639	0.12	青峰*	0.23	0.82	344	0.28
谷城	−1.89	0.06	4216	0.20	琚湾*	−1.01	0.31	659	0.19
新店铺	0.65	0.51	4569	0.13					

注 * 为含缺失数据的水文测站。

2.5.3 径流序列的插值计算

1. 估计点变差函数模型

在上述研究数据的初识分析和预处理工作的基础上，将已经对数化的数据序列分别定义为用于 Kriging 插值计算的区域化变量，即 $Q(\boldsymbol{u}_i)$ 和 $Q(A_i)$，和时空变量，即 $Q(t,\boldsymbol{u}_i)$ 和 $Q(t,A_i)$，并就上述随机变量建立相应的点变差函数模型。表 2.5 分别以赣江流域（1987 年 10 月）和汉江流域（2002 年 6 月）为例，总结了各自拟合最优的点变差函数理论模型 $\gamma(h_s)$ 和 $\gamma(h_t,h_s)$ 的估计结果。

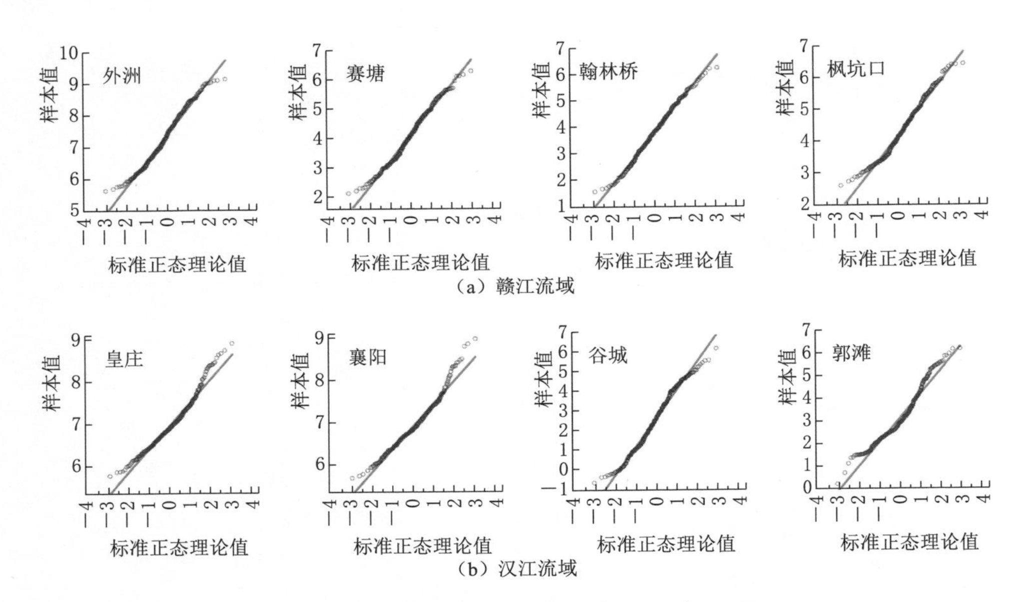

图 2.4 赣江流域和汉江流域径流序列的正态 QQ 图

表 2.5 赣江流域和汉江流域点变差函数理论模型

序号	点变差函数	最优拟合模型	估计参数
赣江流域			
1	$\gamma(h_s)$	指数模型	$a=55.9$；$C_0=0.132$；$C=3.757$
2	$\gamma(h_t,h_s)$	时空指数模型	$a=63.2$；$b=0.034$；$\theta=6.44$；$a_s=2.05\times10^{-4}$；$b_s=3.74\times10^{-4}$；$a_t=7.43\times10^{-4}$；$b_t=2.79\times10^{-4}$；$C_0=6.76\times10^{-6}$；$C=5.04$
汉江流域			
3	$\gamma(h_s)$	球状模型	$a=104.6$；$C_0=8.62\times10^{-5}$；$C=3.331$
4	$\gamma(h_t,h_s)$	Product - sum 模型	$C_s=1.028$；$d_s=35.8$；$e_s=0.911$；$C_t=0.026$；$d_t=1.058$；$e_t=0.747$；$a_s=0.081$；$b_s=2.72\times10^{-4}$；$a_t=3.08\times10^{-3}$；$b_t=1.03\times10^{-2}$；$C_0=9.94\times10^{-4}$；$B=49.9$

2. 计算理论变差函数值

利用表 2.5 得到的最优点变差函数模型求解点理论变差函数值 $\gamma^p(h_s)$ 和 $\gamma^p(h_t,h_s)$，并分别应用于 S _ OK 和 ST _ OK 方法的插值计算中。而对于 S _ TOPK 和 ST _ TOPK 插值方法，点理论变差函数需要进一步处理成规范化理论变差函数值，即 $\gamma'(h_s)$ 和 $\gamma'(h_t,h_s)$ 。理论变差函数值（gamma）与其拟合的样本 gamma 值的对比结果如图 2.5 所示。分析发现，时空变差函数模型计算的理论 gamma 值通常要略优于空间变差函数模型理论 gamma 值对样本 gamma 值的拟合效果。其部分原因可能是由于 h_s 和 h_t 的分组里的样本数据对往往要比 h_s 分组里的样本量更充足。图示信息还表明，基于 Top－Kriging 理论且经规范化计算后的理论 gamma 值则更接近于样本 gamma 值，此结果在一定程度上也反映了河网结构对量化径流序列空间、时间相关性的影响。此外，相较于赣江流域，汉江流域由于其已知测站点资料更为有限，因而估计的绝对误差稍大。但总体而言，可认为拟合的理论点变差函数模型及其规范化的估计结果是合理可行的。

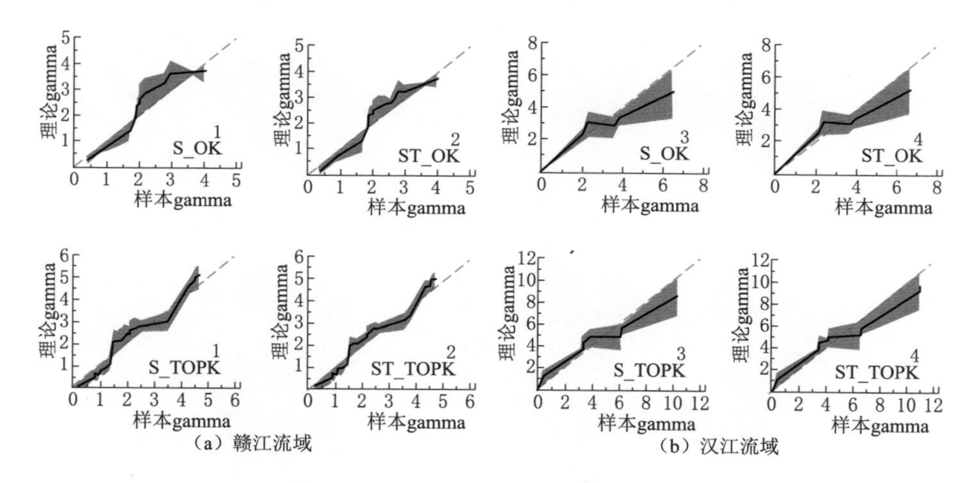

图 2.5 样本 gamma 和理论 gamma 值对比图（序号对应表 2.5 中的最优理论模型；蓝色阴影区标识二者的绝对误差的范围；1∶1 红虚线代表绝对误差为零）

3．插值径流栅格图

将上述估算得到的理论 gamma 值分别用于建立 S_OK、ST_OK、S_TOPK 和 ST_TOPK 模型，计算每一待插值空间栅格和时间点的总径流量（单位：m^3/s），即依次为 $\hat{Q}(\boldsymbol{u}_i)$ 、$\hat{Q}(A_i)$ 、$\hat{Q}(t,\boldsymbol{u}_i)$ 、$\hat{Q}(t,A_i)$ 。以赣江流域 1973 年 3 月、1987 年 10 月和汉江流域 1995 年 9 月、2002 年 6 月的径流估计结果为例，插值得到的对数化径流在空间上每个栅格的流量分布图及其插值误差（即 Kriging 估计方差），如图 2.6 所示。

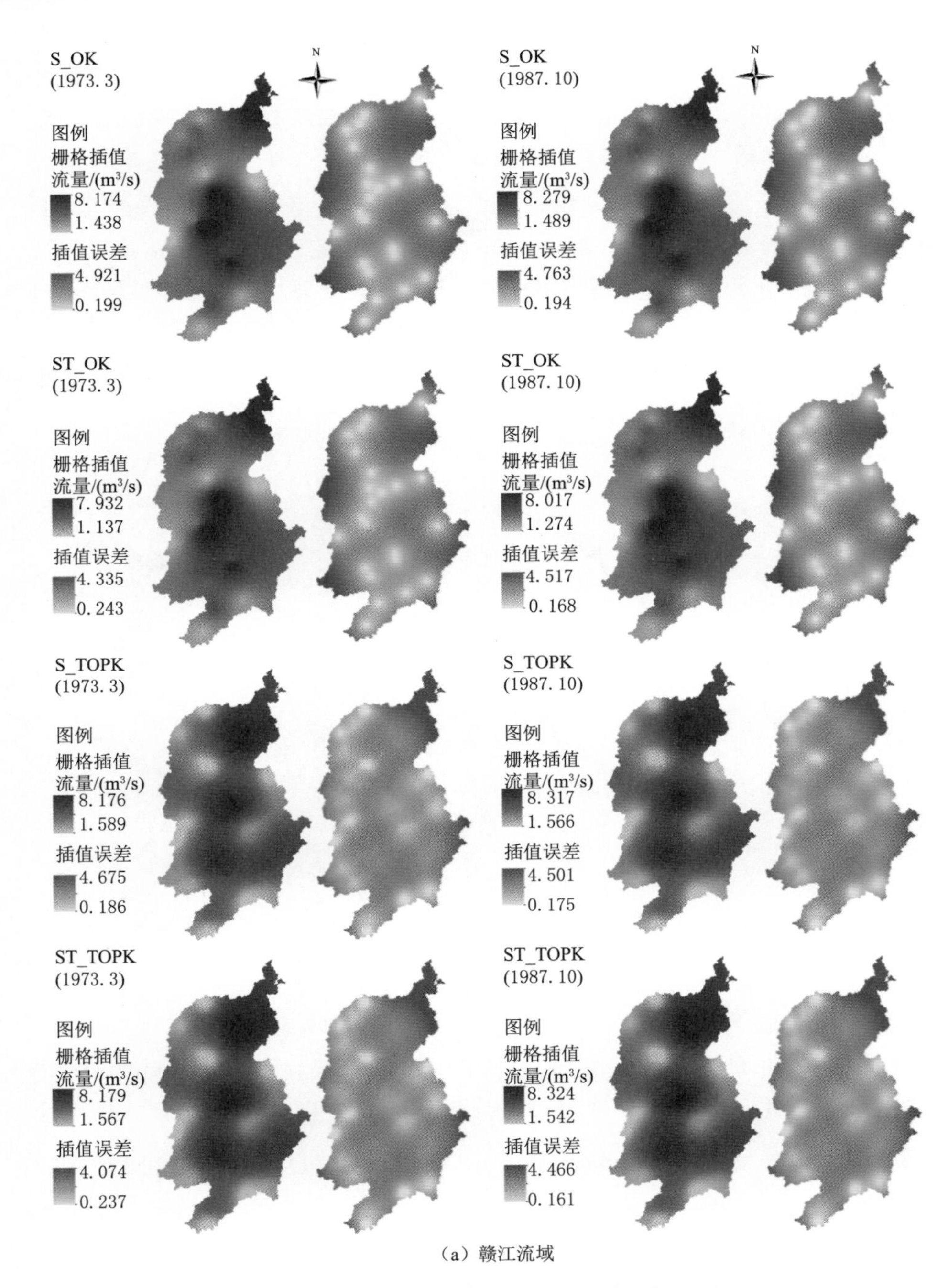

（a）赣江流域

图 2. 6（一） 赣江流域和汉江流域的空间径流插值结果及估计误差

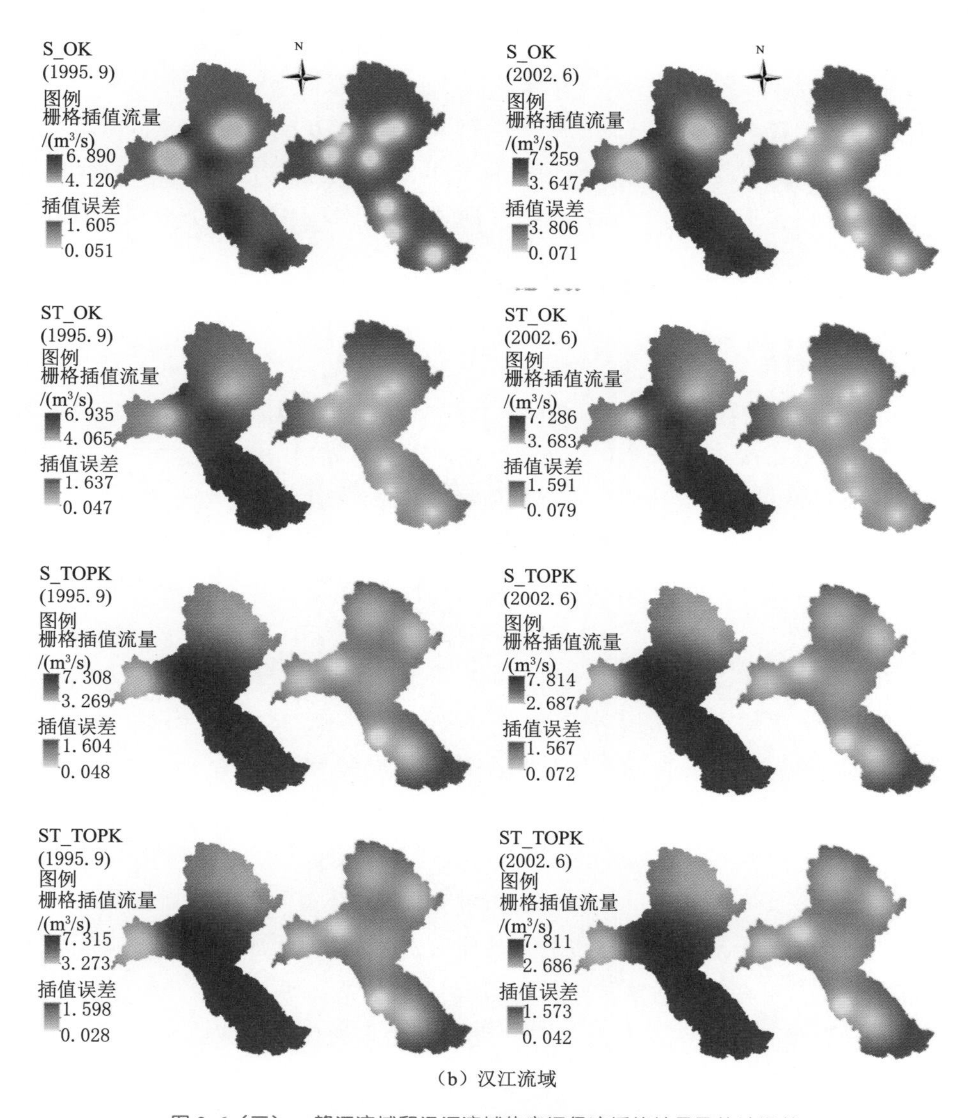

（b）汉江流域

图 2.6（二） 赣江流域和汉江流域的空间径流插值结果及估计误差

由图 2.6 可知：①4 种插值模型的整体估计误差按由大到小排列，依次为 S_OK、ST_OK、S_TOPK、ST_TOPK；相比于 OK 方法，TOPK 模型往往能在更多的栅格点实现较小的估计方差；而 ST_OK 对于 S_OK 以及 ST_TOPK 对于 S_TOPK 的插值优势并不十分突出（差异在 ±0.01 以内），甚至可能未必会提高插值效率。此结果说明了准确地量化径流的空间相关结构发挥着首要的关键性作用，其次才是考虑时间相关性的影响作用。②估计方差的空间分布模式表明，OK 方法中整体估计方差最小的空间点通常只集中于有限个已知样本数据的“点”位置上，而 TOPK 方法因为考虑了各样本点空间支撑的影响，其估计误差呈现由各样本点向外辐射并逐渐增大的变化特点，因而可以实现有限个已知样本数据的“面”位置上的估计方差整体最小。

2.5.4 径流插值序列的精度分析

1. 径流插值序列的整体精度评估

将获取的插值栅格图中的对数化径流估计结果换算为实际的流量值，提取流域河网上 1km 河道单元点上的径流插值序列进行精度分析。表 2.6 总结了基于 4 种 Kriging 模型的径流时空序列插值策略在赣江流域 23 个测站和汉江流域 8 个测站的交叉验证结果。由图可知，分别采用 S _ OK、ST _ OK、S _ TOPK 和 ST _ TOPK 方法时，赣江流域径流插值序列的 *NSE* 值超 0.80 的站点比例依次为 43%（10 个）、48%（11 个）、65%（15 个）和 74%（17 个），在各站点的平均 *NSE* 值依次为 0.79、0.79、0.83 和 0.85，平均 *RMSE* 依次为 59.7、57.5、47.6 和 44.2，平均 *MAE* 值依次为 42.3、40.0、33.9 和 31.4。对于汉江流域，各站点径流插值序列的 *NSE* 超 0.80 的站点比例依次为 38%（3 个）、50%（4 个）、75%（6 个）和 75%（6 个），在各站点的平均 *NSE* 值分别为 0.76、0.78、0.82 和 0.82，平均 *RMSE* 依次为 360.4、330.1、293.5 和 286.1，平均 *MAE* 值依次为 254.9、233.7、182.7 和 179.0。综上分析可知，ST _ TOPK 的整体插值表现最好：能在约 83%（19 个）的站点取得最高的插值效率以及最低的估计偏差，其次为 S _ TOPK 法，此两者间的差异较小，且均明显优于 S _ OK 和 ST _ OK 插值模型。

表 2.7 对两个流域各自的 5 个缺失数据站点的插值效果进行了“实际验证”。结果表明，分别采用 S _ OK、ST _ OK、S _ TOPK 和 ST _ TOPK 模型时，赣江流域各站点径流插值序列的 *NSE* 平均值依次为 0.74、0.75、0.80 和 0.81，*RMSE* 的均值分别为 81.0、76.3、61.4 和 58.7，*MAE* 的均值分别为 56.7、51.8、43.9 和 40.3。由此可知，ST _ TOPK 和 S _ TOPK 模型在绝大多数站点均表现较佳，且二者相较于 OK 法均呈现出明显的插值优势。类似地，汉江流域的分析结果也证实了 ST _ TOPK 和 S _ TOPK 模型具有更优的插值表现：二者在各站点的平均 *NSE* 值分别为 0.75 和 0.78，平均 *RMSE*

表 2.6 基于 4 种 Kriging 模型的径流时空插值序列的交叉验证结果

站点	S _ OK			ST _ OK			S _ TOPK			ST _ TOPK		
	NSE	*RMSE*	*MAE*	*NSE*	*RMSE*	*MAE*	*NSE*	*RMSE*	*MAE*	*NSE*	*RMSE*	*MAE*
赣江流域												
外洲	0.91	342.6	235.0	0.91	342.6	235.0	0.92	321.3	207.0	0.92	300.5	195.1
滁州	0.63	8.7	5.9	0.66	6.4	3.5	0.71	5.9	4.3	0.74	4.3	2.7
杜头	0.74	7.3	5.1	0.75	6.8	4.6	0.79	5.8	4.7	0.80	5.1	4.6
枫坑口	0.80	45.8	33.9	0.82	40.1	31.2	0.84	36.0	30.0	0.84	35.1	28.7
翰林桥	0.83	37.3	23.5	0.83	36.8	23.1	0.86	29.9	18.9	0.85	30.2	19.5
鹤洲	0.81	6.9	4.6	0.81	6.9	4.6	0.86	4.0	3.2	0.85	4.3	3.5
林坑	0.73	20.8	12.5	0.73	19.3	11.9	0.78	11.9	7.9	0.78	11.8	7.9
麻州	0.81	29.3	18.4	0.81	28.8	18.1	0.85	14.8	14.8	0.85	14.8	14.8
宁都	0.71	39.8	25.7	0.71	36.4	24.2	0.83	22.4	15.8	0.83	22.1	15.3
牛头山	0.80	47.1	32.3	0.82	42.3	30.6	0.87	28.6	26.8	0.88	27.2	25.5
茅洲	0.78	35.2	26.1	0.79	33.6	23.7	0.80	24.7	22.9	0.79	24.9	23.4
赛塘	0.82	31.7	23.8	0.82	31.7	23.8	0.88	24.1	19.6	0.88	23.9	19.2
上沙兰	0.82	57.3	39.5	0.84	52.1	36.2	0.85	49.2	32.3	0.86	44.5	29.7
危坊	0.73	12.5	10.1	0.73	12.1	9.9	0.78	9.5	8.3	0.80	8.8	7.9
田头	0.77	36.2	28.1	0.77	35.8	27.9	0.80	28.9	24.2	0.82	26.2	22.1
羊信江	0.79	8.5	6.9	0.78	8.9	7.3	0.83	6.1	5.3	0.86	5.6	3.7

续表

站点	S_OK			ST_OK			S_TOPK			ST_TOPK		
	NSE	*RMSE*	*MAE*	*NSE*	*RMSE*	*MAE*	*NSE*	*RMSE*	*MAE*	*NSE*	*RMSE*	*MAE*
新田	0.78	55.8	39.9	0.78	54.3	38.2	0.85	37.3	26.4	0.85	36.8	26.1
窑下坝	0.81	20.1	15.5	0.80	21.3	17.2	0.86	14.4	12.9	0.88	13.7	10.2
宜丰	0.69	17.7	11.6	0.68	18.4	12.4	0.76	9.9	6.3	0.80	8.1	4.3
寨头	0.74	8.3	5.1	0.77	7.7	3.8	0.79	6.2	3.5	0.83	3.9	2.2
吉安	0.86	190.3	145.2	0.87	183.3	138.9	0.91	157.9	117.6	0.93	145.2	100.8
峡山	0.84	131.4	88.9	0.85	117.8	75.3	0.89	98.7	68.3	0.90	90.7	63.3
栋背	0.86	183.2	134.6	0.86	179.4	119.3	0.89	147.8	99.6	0.90	129.4	91.8
汉　江　流　域												
仙桃	0.83	491.2	300.4	0.85	435.8	277.3	0.87	426.3	250.1	0.87	413.8	237.9
沙洋	0.81	522.5	343.8	0.82	482.3	321.3	0.85	408.5	263.2	0.85	399.1	247.6
皇庄	0.81	498.3	322.6	0.81	489.7	314.4	0.86	398.3	252.8	0.86	402.5	269.8
襄阳	0.77	578.3	459.7	0.80	514.3	400.1	0.84	493.7	305.4	0.85	460.3	290.2
黄家港	0.75	589.6	482.6	0.78	537.9	442.3	0.82	484.1	297.3	0.81	499.5	311.2
谷城	0.65	87.3	51.7	0.66	79.7	43.2	0.74	50.2	35.2	0.76	37.9	22.5
新店铺	0.73	67.2	39.4	0.73	60.8	37.9	0.81	47.2	26.8	0.81	43.6	24.2
郭滩	0.74	49.1	38.9	0.75	40.0	32.8	0.76	39.6	31.1	0.76	32.4	28.5

表 2.7 基于 4 种 Kriging 模型的径流时空序列插值的“实际”验证结果

站点	S _ OK			ST _ OK			S _ TOPK			ST _ TOPK		
	NSE	*RMSE*	*MAE*	*NSE*	*RMSE*	*MAE*	*NSE*	*RMSE*	*MAE*	*NSE*	*RMSE*	*MAE*
赣江流域												
瑞金*	0.72	37.8	25.4	0.72	37.8	25.4	0.76	19.5	13.4	0.77	18.2	11.8
安和*	0.61	12.5	7.3	0.65	8.9	5.1	0.72	5.9	3.4	0.74	4.9	2.7
芦溪*	0.76	11.9	6.6	0.79	9.2	5.1	0.81	7.4	4.1	0.82	7.3	3.5
峡江*	0.84	304.3	219.7	0.84	296.2	202.2	0.90	251.7	182.3	0.90	244.9	168.7
木口*	0.75	38.4	24.6	0.76	29.2	21.3	0.79	22.6	16.3	0.81	18.2	14.7
汉江流域												
白土岗*	0.66	99.5	63.7	0.69	71.1	58.2	0.69	69.9	52.3	0.72	51.1	46.2
社旗*	0.70	38.6	26.4	0.72	32.0	23.9	0.71	30.1	23.1	0.74	21.3	18.6
余家湖*	0.82	592.9	472.3	0.84	481.2	352.8	0.86	498.3	385.8	0.88	463.2	347.1
青峰*	0.72	35.2	19.1	0.72	35.0	18.7	0.77	24.6	13.7	0.78	23.5	11.9
琚湾*	0.69	42.3	25.8	0.71	37.5	20.6	0.74	20.9	16.6	0.76	17.2	15.1

注 * 为含缺失数据的水文测站。

值分别为 128.8 和 98.3，平均 *MAE* 值分别为 115.3 和 87.8。

综合分析表 2.6 和表 2.7 并对比赣江流域和汉江流域的结果可发现，赣江流域的插值效果整体要优于汉江流域。以上述识别的两个最优模型（ST_TOPK 和 S_TOPK）为例，前者在赣江 28 个测站和汉江 13 个测站的平均 *NSE* 值分别为 0.83 和 0.78，*RMSE* 的均值分别为 50.1 和 230.1，*MAE* 的均值分别为 35.7 和 150.3；后者则分别为 0.84 和 0.80（*NSE* 均值）、46.8 和 220.4（*RMSE* 均值）、33.0 和 143.9（*MAE* 均值）。其中，小子流域（<1800km²）的 *NSE* 插值精度普遍偏低，处于 0.6～0.8，而较大子流域（>1800km²）站点的 *NSE* 值普遍要高出小流域站点 0～0.3，比如赣江流域的外洲、滁州站和汉江流域的皇庄、谷城站。特别指出的是：①在“实际验证”中，汉江流域内的较大子流域仍然能取得较为满意的插值结果，例如余家湖站（*NSE* 值为 0.82～0.88）。这说明虽然汉江研究区已知空间径流信息较赣江流域更为有限，但这对大子流域站点插值效果所造成的负面影响却相对较小。②在实测站点资料有限的状况下，引入时间、空间二维相关性结构以替代仅考虑空间相关性结构可以发挥出更为明显的优势作用，对提高小流域的插值效果具有重要意义，例如赣江流域的寨头站（230km²）的 *NSE* 值为 0.74（S_OK）和 0.77（ST_OK）、0.79（S_TOPK）和 0.83（ST_TOPK）；但此优势也并非绝对，例如赣江流域 *NSE* 值在宜丰站（519km²）分别为 0.69（S_OK）和 0.68（ST_OK），在羊信江站（569km²）分别为 0.79（S_OK）和 0.78（ST_OK）。

2. 径流插值序列的统计参数的精度评估

图 2.7 分析了两个流域的径流时空插值序列的 5 种统计参数（平均值、标准差、中位数、最小值和最大值）的相对误差情况。图示中各圆圈接近红线（无偏基准）的程度表明，最优插值模型依次为 ST_TOPK、S_TOPK、ST_OK、S_OK。在赣江流域，各站点的平均值误差基本维持在±0.06；标准差的估计结果普遍偏小，其中小流域站点（<600km²）的偏差最大，但当采用 ST_TOPK 法时也可控制在－0.08～0；中位数大体呈现偏高的结果，误差范围为±0.2；最小值是所有统计参数中估计偏差最大的指标，其在个别中小流域（<1800km²）被严重高估（误差在±3 之间）；最大值则常被低估，其在中小流域的结果普遍比在较大流域（>1800km²）更差（误差范围分别为±0.4 和±0.2）。

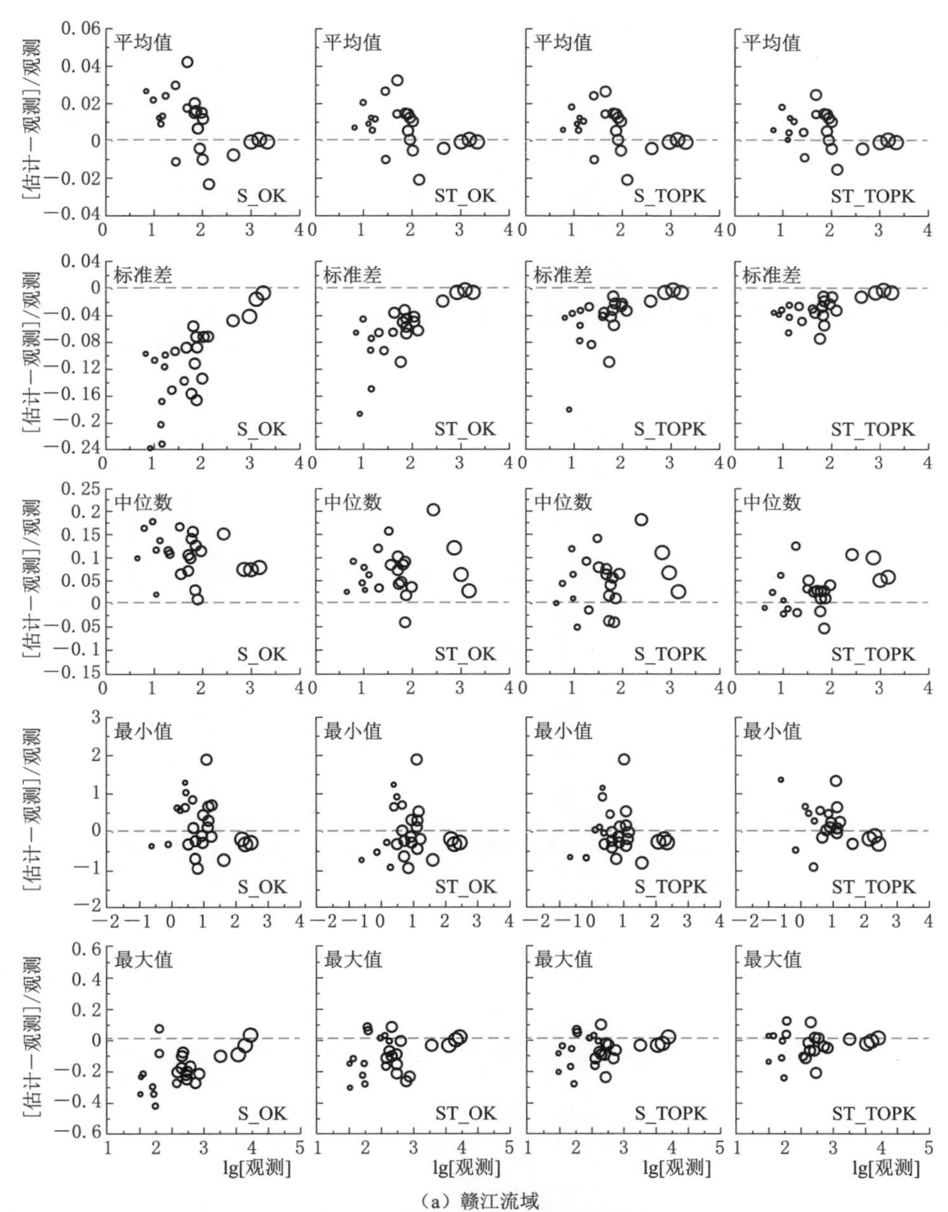

图 2.7（一） 赣江流域和汉江流域的各站点径流插值序列与实测序列的统计参数的相对偏差（以圆圈的 y 坐标值表示，其大小代表各站点的面积量级；圆圈越接近 $y=0$ 的红色虚线，表明估计效果越好；对数 x 坐标以 10 为底）

∘ <310km² ∘310~600km² ∘600~1800km² ○1800~6000km² ○6000~25000km² ○25000~85000km²

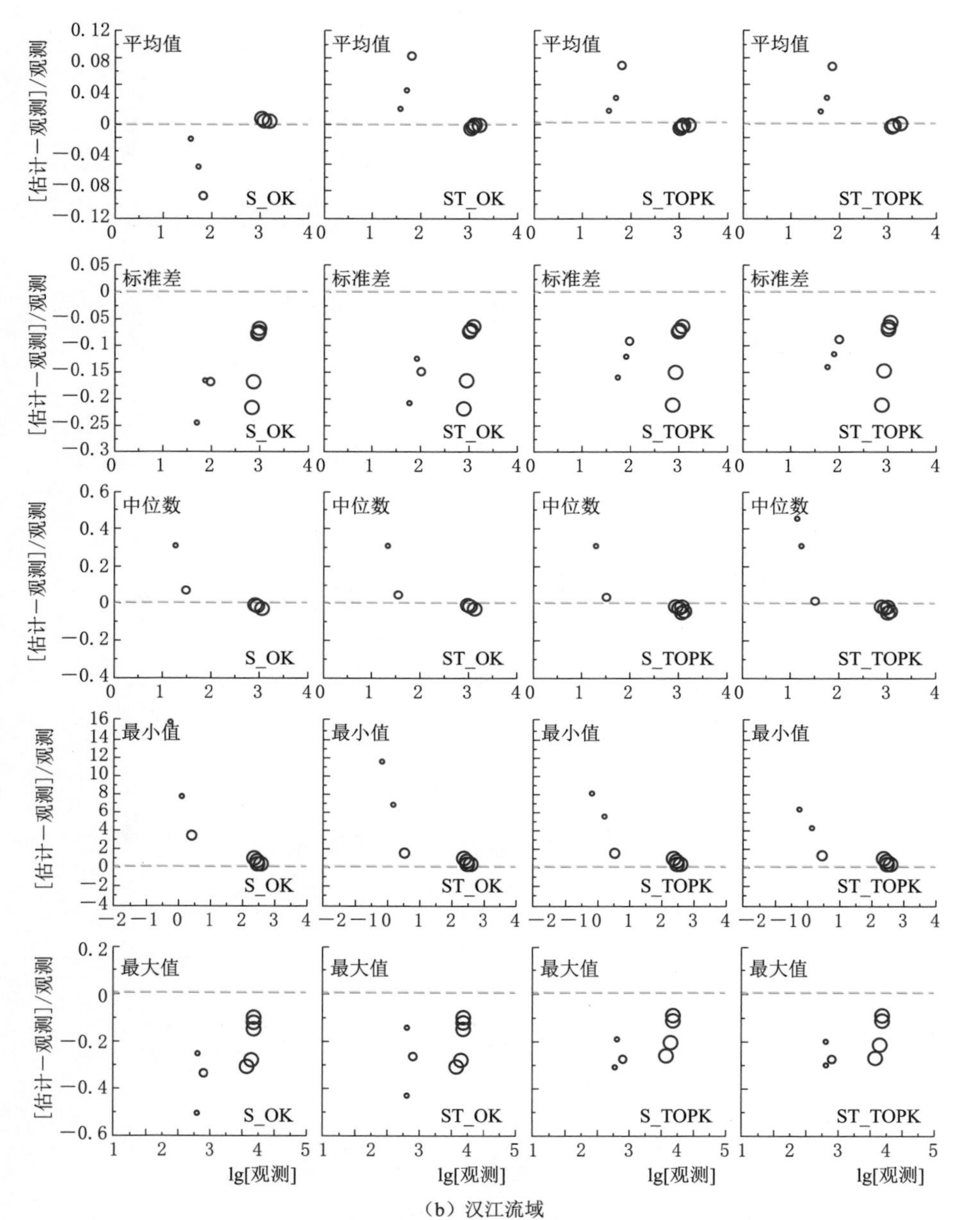

(b) 汉江流域

图 2.7（二） 赣江流域和汉江流域的各站点径流插值序列与实测序列的统计参数的相对偏差（以圆圈的 y 坐标值表示，其大小代表各站点的面积量级；圆圈越接近 $y=0$ 的红色虚线，表明估计效果越好；对数 x 坐标以 10 为底）

∘ <500km² ∘500~1000km² ○1000~5000km² ○5000~10000km² ○10000~50000km² ○50000~150000km²

在汉江流域，平均值误差处于±0.12之间，其在大流域（>10000km²）几乎为无偏；各站点的标准差均被低估（−0.3～0以内）；中位数估计在大流域站点几乎为无偏，在小流域的误差范围处于±0.6以内；最小值的偏差最为严重，其在个别中小流域（<1800km²）的误差高达16，当采取TOPK法时可被控制在6～8之间；而最大值普遍被低估，其在大流域和中小流域的误差范围分别为±0.3和±0.5。

2.5.5 径流序列的插值预测图

1. 径流值沿河网结构的空间分布图

图2.8分别以赣江流域1973年3月、1987年10月和汉江流域1995年9月、2002年6月的径流量为例，展示了河网上各点所得的最终径流插值结果。为了便于分析各插值策略的估计效果，图中各测站所示的圆点颜色突出展现了其各自原始观测径流值的大小，并与河网上的流量估计值进行比较。

结果表明，S_TOPK和ST_TOPK模型的总体插值结果大体上要优于S_OK和S_TOPK方法，具体表现在：S_OK在插值河网水系干流上的径流值时，易受到邻域内各支流上较小流域站点的径流信息的影响，导致干流上除了各已知样本位置外的其余空间点上的流量估计值普遍被低估；反之，各支流水系上的径流估计结果因为受上下游或旁系较大子流域的影响，从而常表现为偏高，尤其是越靠近各支流上游的源头站，偏高程度则越大。尽管加入了对时间相关性结构的考虑，即采用ST_OK法，此问题依然没有得到很好的解决，而S_TOPK模型由于考虑了各子流域间的空间拓扑结构影响，因此对插值精度有所改善（Skøien等，2006a）。ST_TOPK模型进一步拓展了S_TOPK法的性能，但分析发现其并未带来更多的突出优势，原因可能为：①本书仅考虑了至多二阶时间滞后距h_t的相关性影响；②个别测站受时间相关性的影响相对较小，而直接使用ST_TOPK模型反而会增大估计的不确定性。

2. 缺失径流序列预测图

为了直观地了解上述评估出的最优模型（即ST_TOPK）的径流插值序列的结果，图2.9展示了两个流域5个缺失数据测站的径流序列预测图，并与已有原始观测记录作对比。同前述结果分析，控制子流域面积较大的测站

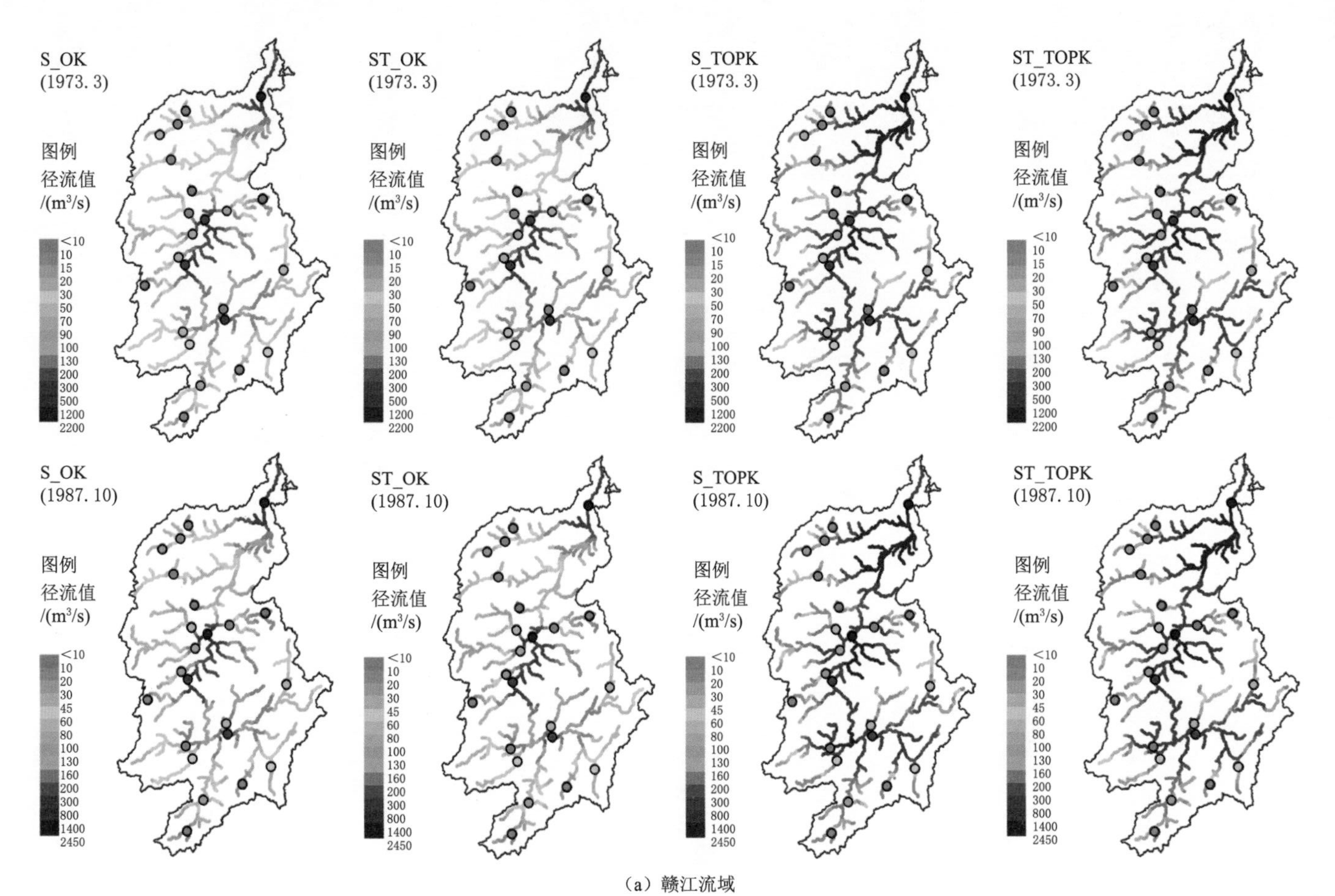

（a）赣江流域

图 2.8（一）　赣江流域和汉江流域沿河网结构的插值径流分布图

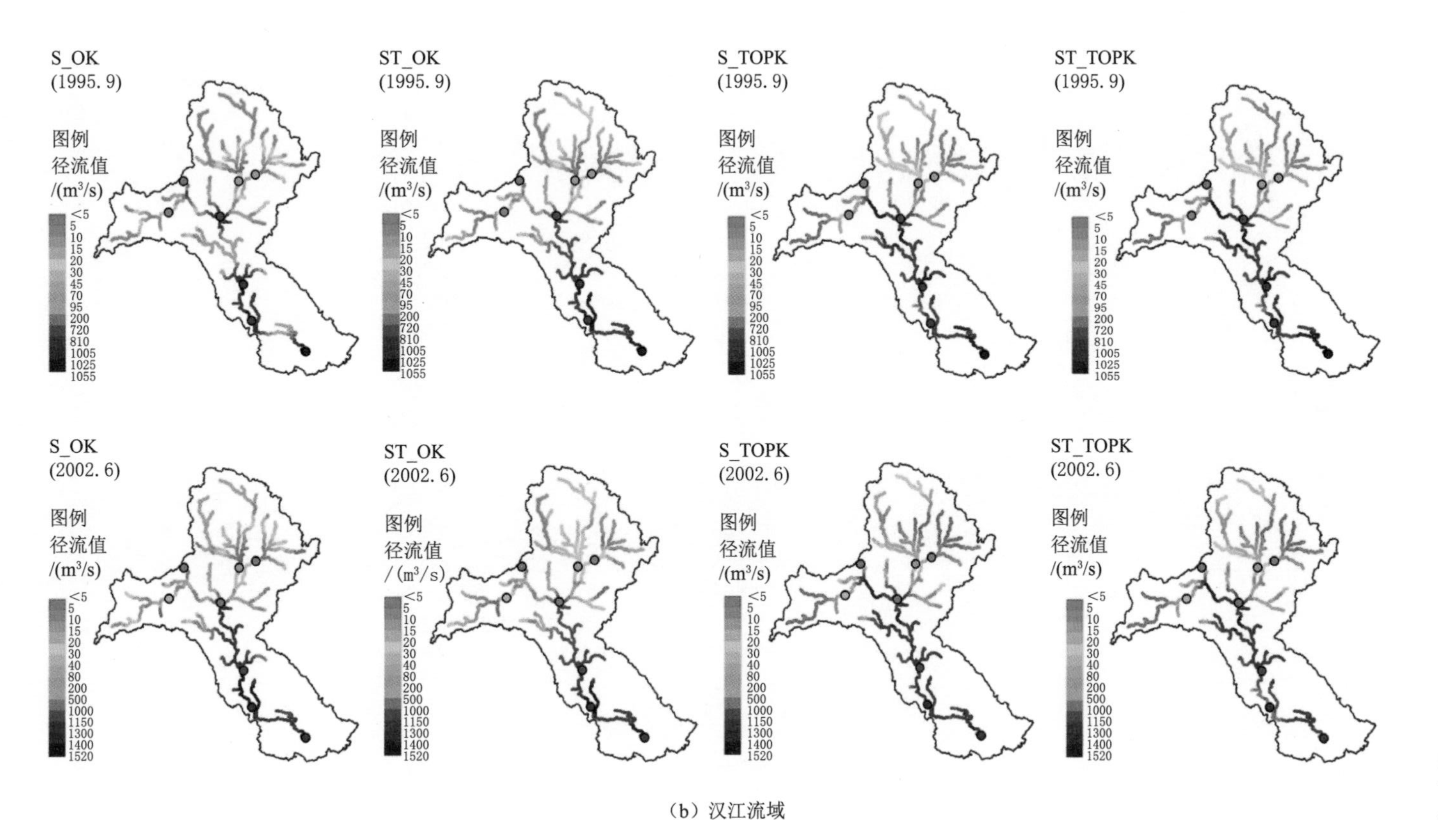

（b）汉江流域

图 2.8（二） 赣江流域和汉江流域沿河网结构的插值径流分布图

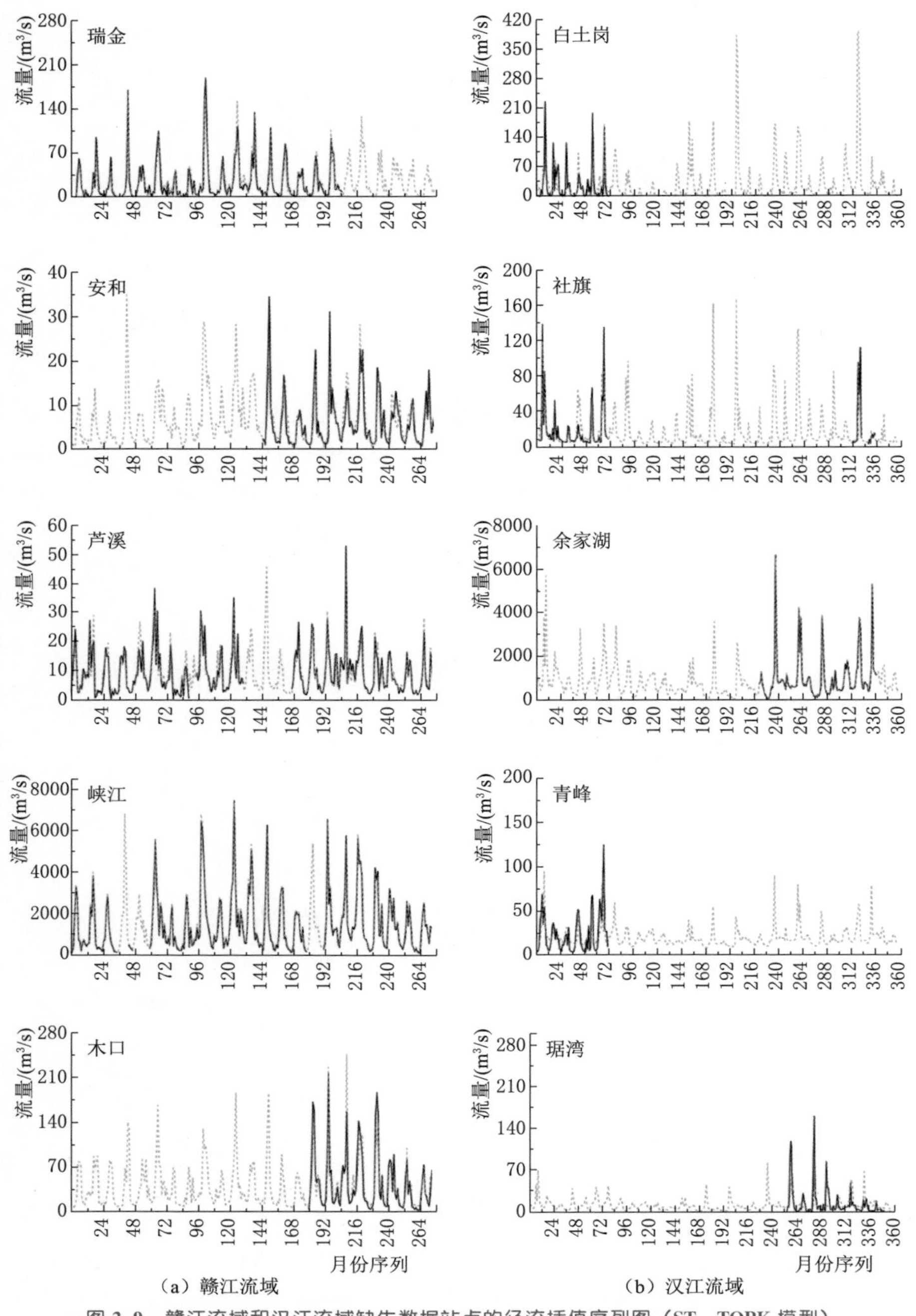

图 2.9　赣江流域和汉江流域缺失数据站点的径流插值序列图（ST _ TOPK 模型）

观测序列　估计序列

(如峡江、余家湖)的插值效果整体最优，且对于流量序列的峰值和谷值的插值效果依然很好，而相对小的子流域测站(如木口、青峰)则在估计高水或低水流量时则存在较大偏差。

2.6 本章小结

本章从传统地统计学里的 Kriging 理论出发，在分别考虑一维空间相关和二维时空相关的情况下，着重研究了基于普通 Kriging 和基于 Top - Kriging 模型的 4 种径流时空序列插值策略，即 S _ OK、ST _ OK、S _ TOPK 和 ST _ TOPK。其中，S _ TOPK 和 ST _ TOPK 模型能够反映河网拓扑结构的影响。

本章的方法研究有助于打破缺失气象输入资料的情形下应用受限的处境，能够为径流时空序列插值问题提供一种插值精度较好且可替代的解决途径。采用赣江流域和汉江流域的径流数据对上述 4 种插值策略进行验证，主要结论如下：

(1) ST _ TOPK 模型在两个研究流域的整体插值表现均最优：能在 80%以上的站点取得最高的插值效率、最低的序列估计误差以及最小的序列统计参数偏差，其次为 S _ TOPK 法。此二者间插值精度的差异通常较小，但均明显优于 S _ OK 和 ST _ OK 模型。这说明与考虑时间相关性的影响相比，准确地量化径流的空间相关性结构则更为重要。

(2) 较大子流域站点的插值精度普遍高于小子流域站点。在实测站点空间资料样本容量有限的情况下，应用 ST _ TOPK 模型对提高小流域的插值效果能够发挥出一定的优势作用。

第3章

考虑河网水量平衡的Kriging水文随机插值法

传统的地统计学中，Kriging方法的实质为光滑线性内插方法，并不注重局部精确性而是强调总体平均性，即为减小估计方差而对真实观测数据的离散性进行平滑处理，其后果是因为此“光滑作用”而丧失了相关插值变量应该具备的物理属性。有别于降雨、蒸发、土壤特性等物理量，水循环过程中某一空间点观测的径流过程是整个上游流域降雨-径流过程和流域下垫面作用的综合结果（严子奇，2011）。径流受到降水时空分布、河网结构和流域地貌的综合影响，其在空间上的分布需满足流域河网水系结构限制下的质量守恒定律（Mass - balance along the hierarchical structure of the basin drainage system）且服从上下游间的嵌套关系（Sauquet等，2000a）。因此，涉及水文要素的插值问题不仅要充分考虑河网拓扑结构的影响，更不能忽略上述河网水量平衡的基本性质。目前，已有众多水文学家基于地统计方法开展了径流时空分布规律研究、时空变异性分析以及径流统计特征值在空间随机场上的插值图化研究，并提供了大量可靠的理论支持（Arnell，1995；Huang等，1998；Gottschalk等，1998，Merz等，2005；Blöschl等，2013；Parajka等，2013b；Salinas等，2013；Viglione等，2013；Castellarin，2014；Paiva等，2015；Farmer，2016；de Lavenne等，2016；Lachance - Cloutier等，2017；Valizadeh等，2017）。其中，主要遇到的困难和限制是：①如何定义河网结构上各空间点的相对距离；②如何准确地衡量随机变量间的相关性；③如何确保Kriging的最优无偏估计不破坏河网上下游的水量守恒关系（严子奇等，2010）。

水文随机方法（Hydro - stochastic approach）是由 Gottschalk（1993a，1993b）提出，并经由诸多水文专家学者（Gottschalk 等，2006，2011，2013，2015；Sauquet，2006；Sauquet 等，2000a，2000b，2008；Yan 等，2012a，2012b；严子奇等，2010；严子奇，2011）的深入研究而发展形成的一个比较成熟的插值理论体系。该方法结合了传统地统计学的理论和水文科学领域中的河网水量平衡关系的约束条件，将某一流域的地理信息概化为一个分布在有限空间域内的随机场，将径流要素概化为具有空间支撑的区域化变量并作为研究对象，利用该研究对象在空间随机场的相关性（或变异性）对流域内各站点控制子流域的出口流量进行分解，进而获取整个河网上的径流空间分布结果，其实质仍然是一种利用“点”数据同化出“面”上信息的随机插值方法（严子奇等，2010）。在综合考虑前人研究成果（Wackerganel，1995）的基础上，提出了以衡量流域之间的协方差相关性替换传统地统计学上分析“点对点”的欧式空间距离定义下的相关结构，从而更好地量化流域空间场上径流要素的区域化变量的空间相关性特征。因此，水文随机方法对提高径流数据稀缺地区的插值精度具有重要意义。

综上所述，本章将在第 2 章中普通 Kriging 和 Top - Kriging 模型的基础上，介绍水文随机方法插值理论，并进一步将 Kriging 水文随机模型拓展到时空领域，以期更为准确地衡量径流随机变量间的时空相关性结构，进而提高对径流序列的估计能力。

3.1 考虑河网水量平衡的普通 Kriging 水文随机插值模型

3.1.1 基于空间相关的普通 Kriging 水文随机模型

根据 2.2.1 节中的 S _ OK 模型原理，河网上任意某点 $\boldsymbol{u}_0$ 控制的目标子流域面积范围 A_0 内的某一栅格点 $\boldsymbol{u}_f$ 上的面平均产流量可视作区域化变量，并由式（3.1）插值：

$$\hat{q}(\boldsymbol{u}_f) = \sum_{i}^{M} \upsilon_i^f q(\boldsymbol{u}_i) \tag{3.1}$$

且满足 S _ OK 插值方程组：

$$\begin{cases} \sum_{j=1}^{M} \upsilon_j^f \gamma(\boldsymbol{u}_i, \boldsymbol{u}_j) + \mu = \gamma(\boldsymbol{u}_i, \boldsymbol{u}_f) \quad (i = 1, 2, \cdots, M) \\ \sum_{j=1}^{M} \upsilon_j^f = 1 \end{cases} \tag{3.2}$$

式中：$\boldsymbol{u}_f$ 为目标子流域内第 f 个栅格点，其栅格面积表示为 a_f；$\upsilon_i^f(i = 1, 2, \cdots, M; f = 1, 2, \cdots, n_0)$ 为 $\boldsymbol{u}_i$ 点观测值对栅格 $\boldsymbol{u}_f$ 的 Kriging 权重系数；$\hat{q}(\boldsymbol{u}_f)$ 为待插栅格 $\boldsymbol{u}_f$ 上产流量 $q(\boldsymbol{u}_f)$ 的估计值；$q(\boldsymbol{u}_i)$ 为已知有限邻域内空间点 $\boldsymbol{u}_i(i = 1, 2, \cdots, M)$ 上游控制子流域内的面平均产流量的观测值；其他符号意义同式（2.28）。

根据河网水量平衡约束，即 $\boldsymbol{u}_0$ 控制目标子流域范围内的所有栅格上的产流量之和 $\hat{Q}(\boldsymbol{u}_0)$ 应等于该子流域出口断面径流观测值 $Q(\boldsymbol{u}_0)$，需满足以下数学关系：

$$\hat{Q}(\boldsymbol{u}_0) = \sum_{f}^{n_0} a_f \hat{q}(\boldsymbol{u}_f) \approx Q(\boldsymbol{u}_0) \tag{3.3}$$

或

$$\hat{q}(\boldsymbol{u}_0) = \sum_{f=1}^{n_0} \left(\frac{a_f}{A_0}\right) \sum_{i}^{M} \upsilon_i^f q(\boldsymbol{u}_i) \approx q(\boldsymbol{u}_0) \quad (f = 1, 2, \cdots, n_0) \tag{3.4}$$

式中：n_0 为子流域 A_0 包含的所有栅格个数；$\hat{q}(\boldsymbol{u}_0)$ 为 A_0 上的面平均产流量 $q(\boldsymbol{u}_0)$ 的插值估计。

联立式（3.2）和式（3.4），$\upsilon_i^f(i = 1, 2, \cdots, M; f = 1, 2, \cdots, n_0)$ 由以下矩阵运算求解：

$$\boldsymbol{\Lambda}_{n_0} = \boldsymbol{\gamma}_{n_0}^{-1} \boldsymbol{\gamma}_{0n_0} \tag{3.5}$$

式中：$\boldsymbol{\Lambda}_{n_0}$、$\boldsymbol{\gamma}_{0n_0}$ 可表示为行向量的转置，即

$$\boldsymbol{\Lambda}_{n_0} = (\upsilon_1^1, \cdots, \upsilon_M^1, \upsilon_1^2, \cdots, \upsilon_M^2, \cdots, \upsilon_1^{n_0}, \cdots, \upsilon_M^{n_0}, \mu_1, \cdots, \mu_M)' \tag{3.6}$$

$$\begin{aligned} \boldsymbol{\gamma}_{0n_0} = (&\gamma(\boldsymbol{u}_1, \boldsymbol{u}_1), \cdots, \gamma(\boldsymbol{u}_M, \boldsymbol{u}_1), \gamma(\boldsymbol{u}_1, \boldsymbol{u}_2), \cdots, \gamma(\boldsymbol{u}_M, \boldsymbol{u}_2), \cdots \\ &\cdots, \gamma(\boldsymbol{u}_1, \boldsymbol{u}_{n_0}), \cdots, \gamma(\boldsymbol{u}_M, \boldsymbol{u}_{n_0}), 1, \underbrace{0, \cdots, 0}_{M-1})' \end{aligned} \tag{3.7}$$

逆矩阵 $\boldsymbol{\gamma}_{n_0}^{-1}$ 为

$$
\boldsymbol{\gamma}_{n_0}^{-1}=\begin{pmatrix}
\gamma(\boldsymbol{u}_1,\boldsymbol{u}_1) & \cdots & \gamma(\boldsymbol{u}_1,\boldsymbol{u}_M) & 0 & \cdots & 0 & \cdots & 0 & \cdots & 0 & \frac{a_1}{A_0} & \cdots & 0 \\
\vdots & & \vdots & \vdots & & \vdots & & \vdots & & \vdots & \vdots & & \vdots \\
\gamma(\boldsymbol{u}_M,\boldsymbol{u}_1) & \cdots & \gamma(\boldsymbol{u}_M,\boldsymbol{u}_M) & 0 & \cdots & 0 & \cdots & 0 & \cdots & 0 & 0 & \cdots & \frac{a_1}{A_0} \\
0 & \cdots & 0 & \gamma(\boldsymbol{u}_1,\boldsymbol{u}_1) & \cdots & \gamma(\boldsymbol{u}_1,\boldsymbol{u}_M) & \cdots & 0 & \cdots & 0 & \frac{a_2}{A_0} & \cdots & 0 \\
\vdots & & \vdots & \vdots & & \vdots & & \vdots & & \vdots & \vdots & & \vdots \\
0 & \cdots & 0 & \gamma(\boldsymbol{u}_M,\boldsymbol{u}_1) & \cdots & \gamma(\boldsymbol{u}_M,\boldsymbol{u}_M) & \cdots & 0 & \cdots & 0 & 0 & \cdots & \frac{a_2}{A_0} \\
\vdots & & \vdots & \vdots & & \vdots & & \vdots & & \vdots & \vdots & & \vdots \\
0 & \cdots & 0 & 0 & \cdots & 0 & \cdots & \gamma(\boldsymbol{u}_1,\boldsymbol{u}_1) & \cdots & \gamma(\boldsymbol{u}_1,\boldsymbol{u}_M) & \frac{a_{n_0}}{A_0} & \cdots & 0 \\
\vdots & & \vdots & \vdots & & \vdots & & \vdots & & \vdots & \vdots & & \vdots \\
0 & \cdots & 0 & 0 & \cdots & 0 & \cdots & \gamma(\boldsymbol{u}_M,\boldsymbol{u}_1) & \cdots & \gamma(\boldsymbol{u}_M,\boldsymbol{u}_M) & 0 & \cdots & \frac{a_{n_0}}{A_0} \\
\frac{a_1}{A_0} & \cdots & 0 & \frac{a_2}{A_0} & \cdots & 0 & \cdots & \frac{a_{n_0}}{A_0} & \cdots & 0 & 0 & \cdots & 0 \\
\vdots & & \vdots & \vdots & & \vdots & & \vdots & & \vdots & \vdots & & \vdots \\
0 & \cdots & \frac{a_1}{A_0} & 0 & \cdots & \frac{a_2}{A_0} & \cdots & 0 & \cdots & \frac{a_{n_0}}{A_0} & 0 & \cdots & 0
\end{pmatrix}^{-1}
\tag{3.8}
$$

其中，$\gamma(\boldsymbol{u}_i,\boldsymbol{u}_j)(i,j=1,2,\cdots,M)$ 由最优拟合点变差函数 $\gamma^p(h_s)$ 计算。以上基于空间相关的普通 Kriging 水文随机模型简记作 S_OK_WB。

根据文献（Gottschalk，1993b），计算得到的一个栅格上 $q(\boldsymbol{u}_f)$ 的 S_OK_WB 估计方差为

$$
\mathrm{Var}[\hat{q}(\boldsymbol{u}_f)-q(\boldsymbol{u}_f)]=\sum_{j=1}^{M}\left(v_j^f\gamma(\boldsymbol{u}_j,\boldsymbol{u}_f)+\frac{a_f}{A_0}v_j^f\mu_j\right)-\gamma(\boldsymbol{u}_f,\boldsymbol{u}_f) \tag{3.9}
$$

此估计方差的大小会受到插值计算所设定的栅格大小的影响（Gottschalk 等，2011）。然而实际计算必须在模型不确定性和栅格精度间做出权衡：一方面，栅格尺寸过小并不能增加有效的径流信息，反而加重计算负担；另一方面，过大的栅格会过滤掉很多局部的径流变化细节，可能不利于准确地量化径流的空间相关性结构。Yan 等（2016）针对插值栅格精度的选择问题进行了研究，并发现适用于我国淮河流域蚌埠站以上集水区（控制流域面积为 121000km²）的径流插值最优栅格精度为 30km×30km。

承接上一章研究工作，为获取较高精度的河网流量插值结果，并综合考虑此研究成果（Yan 等，2016）和本书研究区的流域控制面积情况（表 2.3），设定插值栅格大小为 5km×5km（下同），暂不对此问题展开深入讨论。

3.1.2 基于时空相关的普通 Kriging 水文随机模型

根据 2.2.2 小节中的 ST _ OK 模型原理，可令径流的区域化变量拓展为时空变量，将 S _ OK _ WB 水文随机模型延伸为基于时空相关性结构的水文随机插值模型（简记作 ST _ OK _ WB），则河网上任意某点 $\boldsymbol{u}_0$ 控制的目标子流域 A_0 范围内的某一栅格 $\boldsymbol{u}_f$ 在 t_0 时刻的面平均产流量可由式（3.10）插值为

$$\hat{q}(t_0,\boldsymbol{u}_f) = \sum_{i}^{M}\sum_{\eta}^{N}\upsilon_{i\eta}^{f}q(t_\eta,\boldsymbol{u}_i) \tag{3.10}$$

且满足 ST _ OK 插值方程组

$$\begin{cases}\sum\limits_{j=1}^{M}\sum\limits_{\zeta=1}^{N}\upsilon_{j\zeta}^{f}\gamma(t_\eta,t_\zeta,\boldsymbol{u}_i,\boldsymbol{u}_j)+\mu=\gamma(t_\eta,t_0,\boldsymbol{u}_i,\boldsymbol{u}_f) \quad (i=1,2,\cdots,M;\eta=1,2,\cdots,N)\\ \sum\limits_{j=1}^{M}\sum\limits_{\zeta=1}^{N}\upsilon_{j\zeta}^{f}=1\end{cases} \tag{3.11}$$

式中：$\hat{q}(t_0,\boldsymbol{u}_f)$ 为待插栅格点 $\boldsymbol{u}_f$ 在 t_0 时刻产流量 $q(t_0,\boldsymbol{u}_f)$ 的估计值，其栅格面积为 a_f。$\upsilon_{i\eta}^{f}(i=1,2,\cdots,M;\eta=1,2,\cdots,N;f=1,2,\cdots,n_0)$ 为 $\boldsymbol{u}_i$ 点观测值对栅格 $\boldsymbol{u}_f$ 的 Kriging 权重系数；$q(t_\eta,\boldsymbol{u}_i)$ 为已知有限邻域内空间点 $\boldsymbol{u}_i(i=1,2,\cdots,M)$ 上游控制子流域上在时间点 t_η 时的面平均产流量的观测值。

根据河网水量平衡约束，即目标地点 $\boldsymbol{u}_0$ 控制子流域 A_0 范围内的所有栅格上的产流量之和 $\hat{Q}(t_0,\boldsymbol{u}_0)$ 应等于该子流域出口断面径流观测值 $Q(t_0,\boldsymbol{u}_0)$，需满足以下数学关系：

$$\hat{Q}(t_0,\boldsymbol{u}_0) = \sum_{f}^{n_0}a_f\hat{q}(t_0,\boldsymbol{u}_f) \approx Q(t_0,\boldsymbol{u}_0) \tag{3.12}$$

或

$$\hat{q}(t_0,\boldsymbol{u}_0)=\sum_{f=1}^{n_0}\left(\frac{a_f}{A_0}\right)\sum_{i}^{M}\sum_{\eta}^{N}\upsilon_{i\eta}^{f}q(t_\eta,\boldsymbol{u}_i)\approx q(t_0,\boldsymbol{u}_0)\quad(f=1,2,\cdots,n_0)\tag{3.13}$$

式中：n_0 为子流域 A_0 包含的所有栅格个数；$\hat{q}(t_0,\boldsymbol{u}_0)$ 为 t_0 时 A_0 上的面平均产流量 $q(t_0,\boldsymbol{u}_0)$ 的插值估计。

$\upsilon_{i\eta}^{f}$的估计值通过联立式（3.11）和式（3.13），代入点变差函数模型计算值 $\gamma(t_\eta,t_\zeta,\boldsymbol{u}_i,\boldsymbol{u}_j)(i,j=1,2,\cdots,M;\eta,\zeta=1,2,\cdots,N)$ 进行求解。由于多加入了时间维信息而变得更加复杂，故此处不再给出相应的矩阵表达式。

一个栅格上的 $\hat{q}(t_0,\boldsymbol{u}_f)$ 的 ST _ OK _ WB 估计方差的计算公式为

$$\begin{aligned}&\mathrm{Var}[\hat{q}(t_0,\boldsymbol{u}_f)-q(t_0,\boldsymbol{u}_f)]\\&=\sum_{j=1}^{M}\sum_{\zeta=1}^{N}\left(\upsilon_{j\zeta}^{f}\gamma(t_\eta,t_\zeta,\boldsymbol{u}_j,\boldsymbol{u}_f)+\frac{a_f}{A_0}\upsilon_{j\zeta}^{f}\mu_{j\zeta}\right)-\gamma(\boldsymbol{u}_f,\boldsymbol{u}_f)\end{aligned}\tag{3.14}$$

考虑到加入时间相关性后模型结构和计算的复杂程度，本章限制 $N\leqslant 3$ 且 t_0-t_η 只在集合 $\{-\Delta t,\ 0,\ \Delta t\}$ 内取值（下同），即对于月径流序列，仅考虑相邻的两个月。若 $N=1$ 且 $t_0-t_\eta=0$，该模型即可简化为 S _ OK _ WB 模型。

3.2　考虑河网水量平衡的 Top - Kriging 水文随机插值模型

3.2.1　基于空间相关的 Top - Kriging 水文随机模型

根据第 2 章 2.3.1 节中的 S _ TOPK 模型原理，河网上任意某点控制的目标子流域 A_0 范围内的某一栅格 a_f 上的产流量可视作区域化变量，并由式（3.15）插值：

$$\hat{q}(a_f)=\sum_{i}^{M}\upsilon_i^f q(A_i)\tag{3.15}$$

且满足 S _ TOPK 插值方程组：

$$\begin{cases} \sum_{j=1}^{M} \upsilon_j^f \gamma(A_i, A_j) + \mu = \gamma(A_i, a_f) \quad (i = 1, 2, \cdots, M) \\ \sum_{j=1}^{M} \upsilon_j^f = 1 \end{cases} \tag{3.16}$$

式中：a_f 为目标子流域内第 f 个栅格的面积；$\upsilon_i^f(i = 1,2,\cdots,M; f = 1, 2,\cdots,n_0)$ 为某一子流域 A_i 对栅格 a_f 的 Kriging 权重系数；$\hat{q}(a_f)$ 为待插栅格 a_f 上产流量 $q(a_f)$ 的估计值；$q(A_i)$ 为已知有限邻域内空间点 $\boldsymbol{u}_i(i=1,2,\cdots, M)$ 上游控制子流域 A_i 上的面平均产流量的观测值；其他符号意义同式(2.38)。

根据河网水量平衡约束，即目标子流域 A_0 范围内的所有栅格上的产流量之和 $\hat{Q}(A_0)$ 应等于该子流域出口断面径流观测值 $Q(A_0)$，需满足以下数学关系：

$$\hat{Q}(A_0) = \sum_{f}^{n_0} a_f \hat{q}(a_f) \approx Q(A_0) \tag{3.17}$$

或

$$\hat{q}(A_0) = \sum_{f=1}^{n_0} \left(\frac{a_f}{A_0}\right) \sum_{i}^{M} \upsilon_i^f q(A_i) \approx q(A_0) \quad (f = 1, 2, \cdots, n_0) \tag{3.18}$$

式中：n_0 为子流域 A_0 包含的所有栅格个数；$\hat{q}(A_0)$ 为 A_0 上的面平均产流量 $q(A_0)$ 的插值估计。

联立式(3.16)和式(3.18)，$\upsilon_i^f(i = 1,2,\cdots,M; f = 1,2,\cdots,n_0)$ 可由以下矩阵运算求解：

$$\boldsymbol{\Lambda}_{n_0} = \boldsymbol{\gamma}_{n_0}^{-1} \boldsymbol{\gamma}_{0n_0} \tag{3.19}$$

式中：$\boldsymbol{\Lambda}_{n_0}$ 和 $\boldsymbol{\gamma}_{0n_0}$ 可表示为行向量的转置，即

$$\boldsymbol{\Lambda}_{n_0} = (\upsilon_1^1, \cdots, \upsilon_M^1, \upsilon_1^2, \cdots, \upsilon_M^2, \cdots, \upsilon_1^{n_0}, \cdots, \upsilon_M^{n_0}, \mu_1, \cdots, \mu_M)' \tag{3.20}$$

$$\begin{aligned} \boldsymbol{\gamma}_{0n_0} = [&\gamma(A_1, a_1), \cdots, \gamma(A_M, a_1), \gamma(A_1, a_2), \cdots, \gamma(A_M, a_2), \cdots \\ &\cdots, \gamma(A_1, a_{n_0}), \cdots, \gamma(A_M, a_{n_0}), 1, \underbrace{0, \cdots, 0}_{M-1}]' \end{aligned} \tag{3.21}$$

逆矩阵 $\boldsymbol{\gamma}_{n_0}^{-1}$ 为

$$
\boldsymbol{\gamma}_{n_0}^{-1}=\begin{pmatrix}
\gamma(A_1,A_1) & \cdots & \gamma(A_1,A_M) & 0 & \cdots & 0 & \cdots & 0 & \cdots & 0 & \frac{a_1}{A_0} & \cdots & 0 \\
\vdots & & \vdots & \vdots & & \vdots & & \vdots & & \vdots & \vdots & & \vdots \\
\gamma(A_M,A_1) & \cdots & \gamma(A_M,A_M) & 0 & \cdots & 0 & \cdots & 0 & \cdots & 0 & 0 & \cdots & \frac{a_1}{A_0} \\
0 & \cdots & 0 & \gamma(A_1,A_1) & \cdots & \gamma(A_1,A_M) & \cdots & 0 & \cdots & 0 & \frac{a_2}{A_0} & \cdots & 0 \\
\vdots & & \vdots & \vdots & & \vdots & & \vdots & & \vdots & \vdots & & \vdots \\
0 & \cdots & 0 & \gamma(A_M,A_1) & \cdots & \gamma(A_M,A_M) & \cdots & 0 & \cdots & 0 & 0 & \cdots & \frac{a_2}{A_0} \\
\vdots & & \vdots & \vdots & & \vdots & & \vdots & & \vdots & \vdots & & \vdots \\
0 & \cdots & 0 & 0 & \cdots & 0 & \cdots & \gamma(A_1,A_1) & \cdots & \gamma(A_1,A_M) & \frac{a_{n_0}}{A_0} & \cdots & 0 \\
\vdots & & \vdots & \vdots & & \vdots & & \vdots & & \vdots & \vdots & & \vdots \\
0 & \cdots & 0 & 0 & \cdots & 0 & \cdots & \gamma(A_M,A_1) & \cdots & \gamma(A_M,A_M) & 0 & \cdots & \frac{a_{n_0}}{A_0} \\
\frac{a_1}{A_0} & \cdots & 0 & \frac{a_2}{A_0} & \cdots & 0 & \cdots & \frac{a_{n_0}}{A_0} & \cdots & 0 & 0 & \cdots & 0 \\
\vdots & & \vdots & \vdots & & \vdots & & \vdots & & \vdots & \vdots & & \vdots \\
0 & \cdots & \frac{a_1}{A_0} & 0 & \cdots & \frac{a_2}{A_0} & \cdots & 0 & \cdots & \frac{a_{n_0}}{A_0} & 0 & \cdots & 0
\end{pmatrix}^{-1} \tag{3.22}
$$

式中：$\gamma(A_i,A_j)(i,j=1,2,\cdots,M)$ 按照 2.3.1 节中的式（2.40）进行变差函数规范化计算。以上水文随机插值模型简记作 S _ TOPK _ WB。

根据文献（Gottschalk，1993b），计算得到的一个栅格上 $q(a_f)$ 的 S _ TOPK _ WB 估计方差为

$$
\mathrm{Var}[\hat{q}(a_f)-q(a_f)]=\sum_{j=1}^{M}(\upsilon_j^f\gamma(A_j,a_f)+\frac{a_f}{A_0}\upsilon_j^f\mu_j)-\gamma(a_f,a_f) \tag{3.23}
$$

3.2.2 基于时空相关的 Top - Kriging 水文随机模型

根据第 2 章 2.3.2 节中的 ST _ TOPK 模型原理，可令径流的区域化变量拓展为时空变量，将原始水文随机模型 S _ TOPK _ WB 延伸至基于时空相关性结构的水文随机插值模型（简记作 ST _ TOPK _ WB），则河网上任意某点控制的目标子流域 A_0 范围内的某一栅格 a_f 在 t_0 时刻的产流量可由式（3.24）插值：

$$
\hat{q}(t_0,a_f)=\sum_{i}^{M}\sum_{\eta}^{N}\upsilon_{i\eta}^{f}q(t_\eta,A_i) \tag{3.24}
$$

且满足 ST _ TOPK 插值方程组：

$$\begin{cases}\sum_{j=1}^{M}\sum_{\zeta=1}^{N}\upsilon_{j\zeta}^{f}\gamma(t_\eta,t_\zeta,A_i,A_j)+\mu=\gamma(t_\eta,t_0,A_i,a_f) \quad (i=1,2,\cdots,M;\eta=1,2,\cdots,N)\\ \sum_{j=1}^{M}\sum_{\zeta=1}^{N}\upsilon_{j\zeta}^{f}=1\end{cases} \tag{3.25}$$

式中：$\hat{q}(t_0,a_f)$ 为待插栅格 a_f 在 t_0 时刻产流量 $q(t_0,a_f)$ 的估计值；$\upsilon_{i\eta}^{f}(i=1,2,\cdots,M,\eta=1,2,\cdots,N,f=1,2,\cdots,n_0)$ 为某一子流域 A_i 对栅格 a_f 的 Kriging 权重系数；$q(t_\eta,A_i)$ 为已知有限邻域内空间点 $\boldsymbol{u}_i(i=1,2,\cdots,M)$ 上游控制子流域 A_i 上在时间点 t_η 时的面平均产流量的观测值。

根据河网水量平衡约束，即目标子流域 A_0 范围内的所有栅格上的产流量之和 $\hat{Q}(t_0,A_0)$ 应等于该子流域出口断面径流观测值 $Q(t_0,A_0)$，需满足以下数学关系：

$$\hat{Q}(t_0,A_0)=\sum_{f}^{n_0}a_f\hat{q}(t_0,a_f)\approx Q(t_0,A_0) \tag{3.26}$$

或

$$\hat{q}(t_0,A_0)=\sum_{f=1}^{n_0}\left(\frac{a_f}{A_0}\right)\sum_{i}^{M}\sum_{\eta}^{N}\upsilon_{i\eta}^{f}q(t_\eta,A_i)\approx q(t_0,A_0) \quad (f=1,2,\cdots,n_0) \tag{3.27}$$

式中：n_0 为子流域 A_0 包含的所有栅格个数；$\hat{q}(t_0,A_0)$ 为 t_0 时 A_0 集水面积上的面平均产流量 $q(t_0,A_0)$ 的插值估计。

联立式（3.25）和式（3.27）求解 $\upsilon_{i\eta}^{f}$，其中 $\gamma(t_\eta,t_\zeta,A_i,A_j)$ $(i,j=1,2,\cdots,M;\eta,\zeta=1,2,\cdots,N)$ 的规范化计算依据 2.3.2 节中的式（2.48）。

一个栅格上的 $q(t_0,a_f)$ 的 ST _ TOPK _ WB 估计方差的计算公式为

$$\text{Var}[\hat{q}(t_0,a_f)-q(t_0,a_f)]=\sum_{j=1}^{M}\sum_{\zeta=1}^{N}\left(\upsilon_{j\zeta}^{f}\gamma(t_\eta,t_\zeta,A_j,a_f)+\frac{a_f}{A_0}\upsilon_{j\zeta}^{f}\mu_{j\zeta}\right)-\gamma(a_f,a_f) \tag{3.28}$$

同前，限制 $N\leqslant 3$ 且 t_0-t_η 只在集合 $\{-\Delta t,\ 0,\ \Delta t\}$ 内取值。若 $N=1$ 且 $t_0-t_\eta=0$，该模型即可简化为上述的 S _ TOPK _ WB 模型。

3.3 基于 Kriging 水文随机模型的径流时空序列插值策略

基于 Kriging 水文随机模型的径流时空序列插值策略的具体步骤如下（应用流程简图如图 3.1 所示）：

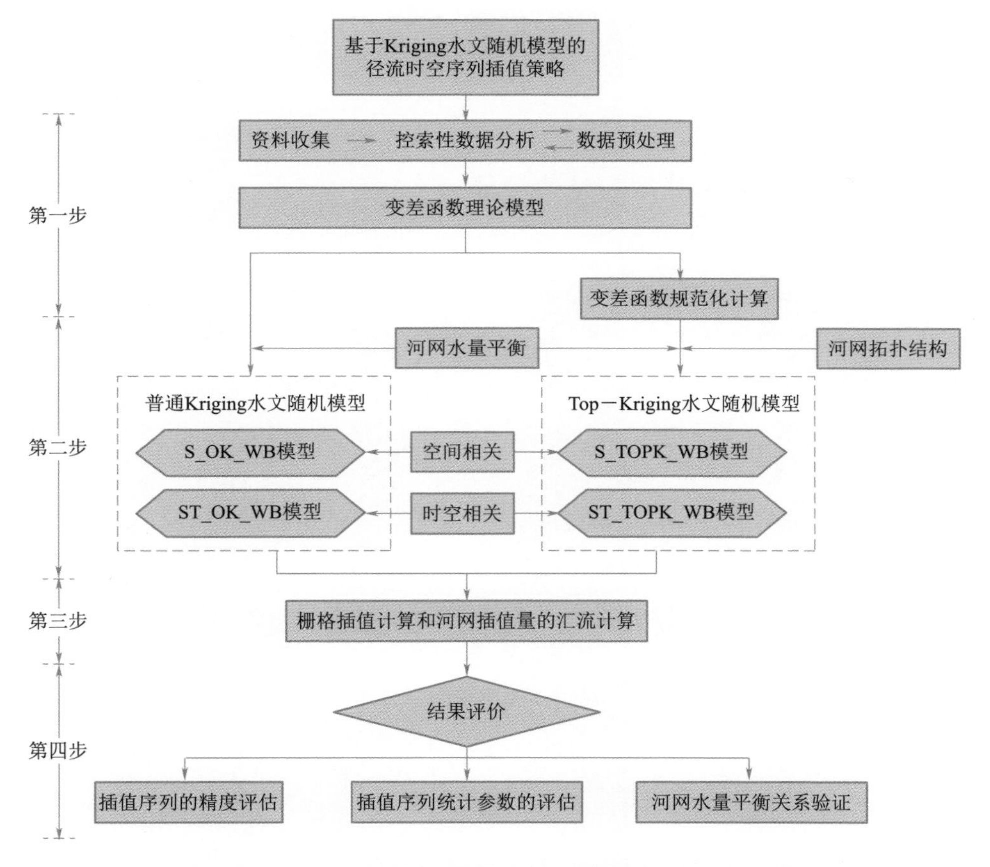

图 3.1 基于 Kriging 水文随机模型的径流时空序列插值策略的应用路线图

(1) 同第 2 章 2.4.1 节的步骤 (1)～(2)。但本章中，将非嵌套流量数据依据各子流域大小处理为面平均产流量，比如 $q(t,A)=Q(t,\omega)/A$，作为水文随机插值计算中的随机变量，并对此随机变量建立最优拟合点变差函数模型。针对基于 Top－Kriging 水文随机模型的插值策略，进一步对点变差函数值进行规范化计算。

(2) 分别采用 S _ OK _ WB、ST _ OK _ WB、S _ TOPK _ WB 和 ST _ TOPK _ WB 这 4 种水文随机模型构建插值方程组。

(3) 由插值方程组计算流域各个栅格上面平均产流量的估计值，沿河网结构将河道上各节点的上游集水面积中所有栅格产流量的插值结果进行累加，最终得到各节点的出流量估计值（m^3/s）。

(4) 评估上述 4 种水文随机模型的插值效果，并验证河网水量平衡关系。

3.4 实例分析

3.4.1 径流序列预处理与插值计算

1. 估计点变差函数模型

承接第 2 章研究工作，本章分析了用于水文随机插值计算的区域化变量 $q(\boldsymbol{u})$、$q(A)$ 或时空变量 $q(t,\boldsymbol{u})$、$q(t,A)$ 的数据特征。结果表明，上述插值变量的样本数据基本符合（准）二阶平稳（或本征）假设和正态分布假设，无需再进行数据转换，即可建立点变差函数模型。表 3.1 以赣江流域（1987.10）和汉江流域（2002.6）为例总结了各自拟合最优的点变差函数理论模型 $\gamma(h_s)$ 和 $\gamma(h_t,h_s)$ 的估计结果。

表 3.1 赣江流域和汉江流域点变差函数理论模型

序号	点变差函数	最优拟合模型	估计参数
赣江流域			
1	$\gamma(h_s)$	指数模型	$a=230.6$；$C_0=1.02\times10^{-6}$；$C=3.79\times10^{-5}$
2	$\gamma(h_t, h_s)$	时空指数模型	$a=178.9$；$b=0.674$；$\theta=43.6$；$a_s=3.71\times10^{-5}$；$b_s=1.15\times10^{-4}$； $a_t=2.63\times10^{-5}$；$b_t=1.25\times10^{-4}$； $C_0=1.17\times10^{-4}$；$C=3.29\times10^{-5}$
汉江流域			
3	$\gamma(h_s)$	球状模型	$a=71.8$；$C_0=1.11\times10^{-4}$；$C=4.82\times10^{-4}$
4	$\gamma(h_t,h_s)$	Product - sum 模型	$C_s=7.43\times10^{-4}$；$d_s=69.6$；$e_s=0.715$； $C_t=2.5\times10^{-5}$；$d_t=2.08$；$e_t=0.461$； $a_s=2.01\times10^{-5}$；$b_s=2.39\times10^{-3}$； $a_t=1.09\times10^{-4}$；$b_t=1.04\times10^{-3}$； $C_0=7.29\times10^{-5}$；$B=13.9$

2. 计算理论变差函数

应用表 3.1 得到的最优点变差函数模型求解理论变差函数值（gamma）$\gamma^{p}(h_s)$ 和 $\gamma^{p}(h_t,h_s)$，分别代入并建立 S _ OK _ WB 和 ST _ OK _ WB 模型。进一步计算其各自的规范化理论 gamma 值，即 $\gamma'(h_s)$ 和 $\gamma'(h_t,h_s)$，以应用于 S _ TOPK _ WB 和 ST _ TOPK _ WB 建模，结果如图 3.2 所示。由图可知，在大多数情况下，理论点变差函数模型在较大的值附近倾向于高估或低估样本变差函数值，部分原因可能是由于某些 h_s（或 h_s 和 h_t）的分组里的样本数据相对较少，因而导致估计并非十分准确。但总体而言，图中的绝对误差范围表明二者的偏差不大。综上所述，本书认为拟合的理论点变差函数模型及其规范化的估计结果是合理的。

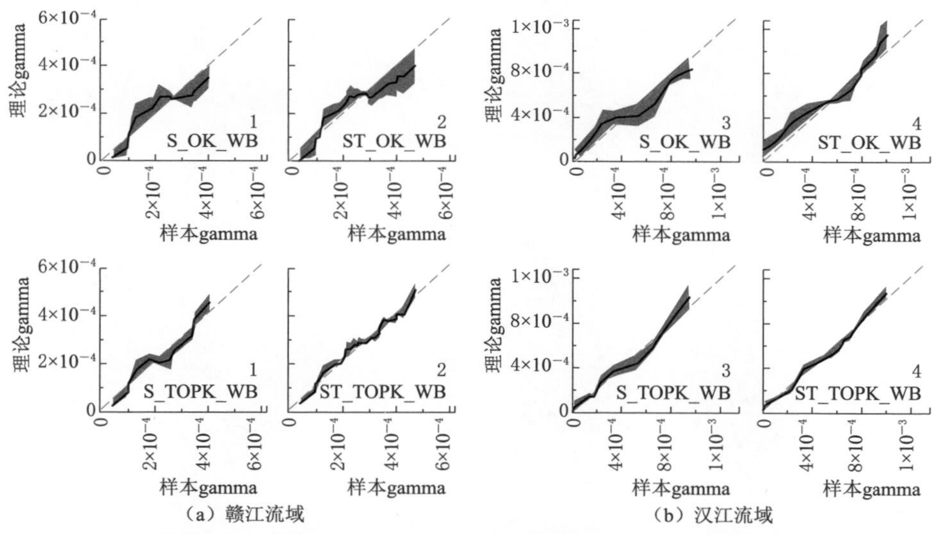

图 3.2 样本 gamma 和理论 gamma 值对比图（序号对应着表 3.1 中的最优理论模型；蓝色阴影区标识二者的绝对误差的范围；1：1 红虚线代表绝对误差为零）

3. 插值径流栅格图

基于 3.4.1 中理论变差函数值的最终估算结果，分别采用上述 4 种 Kriging 水文随机模型对每一待插值空间栅格和时间点的面平均产流量进行估计。图 3.3（a）选取赣江流域 1987 年 10 月的径流估计结果为例，展示了插值得到的径流在空间上每个栅格的流量分布图（单位：m^3/s）及其插值误差（即 Kriging 估计方差）。汉江流域以 2002 年 6 月的径流估计结果为例，插值的栅格流量和估计误差如图 3.3（b）所示。

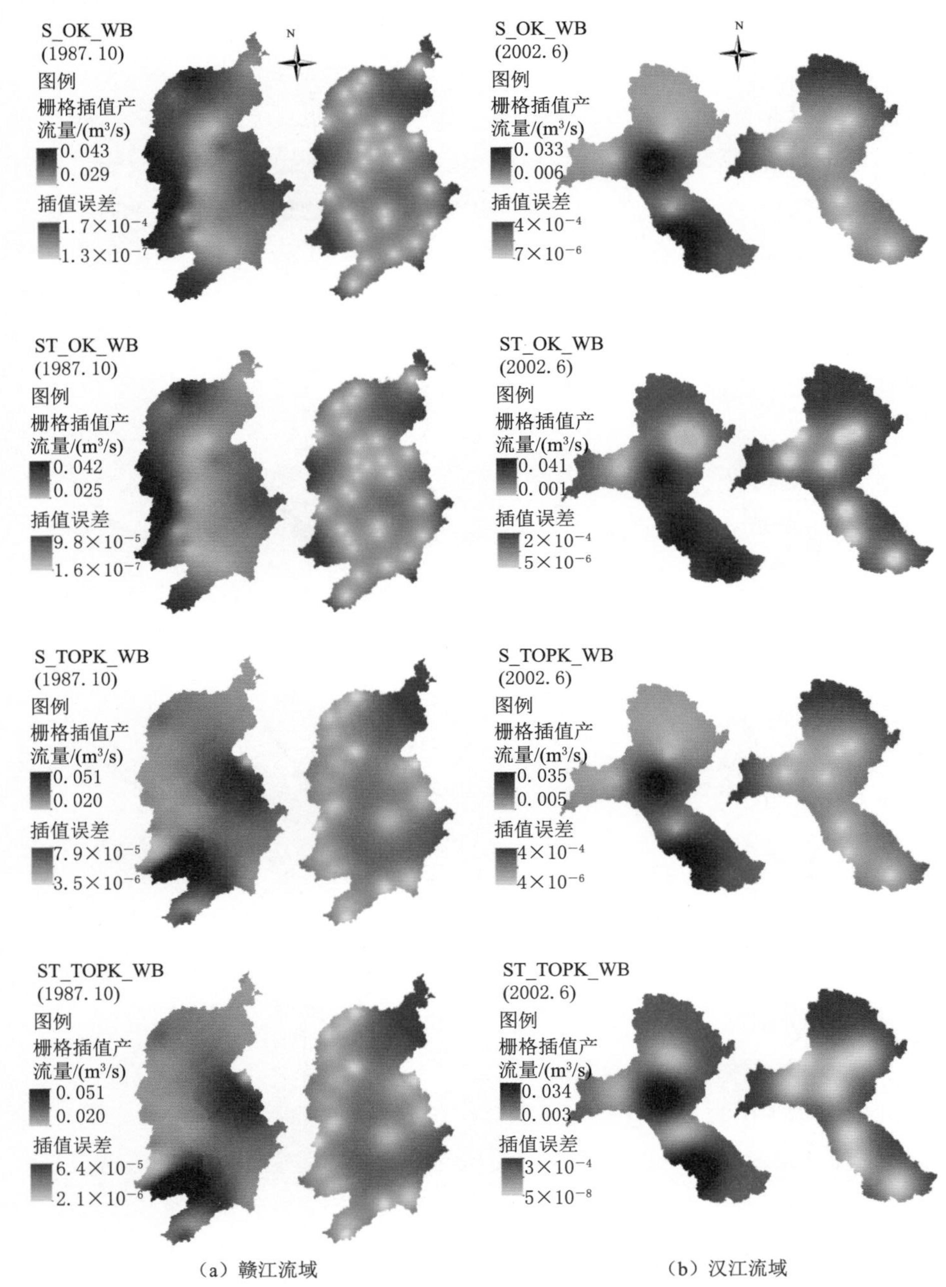

（a）赣江流域　　　　（b）汉江流域

图 3.3　赣江流域和汉江流域的空间径流插值结果及估计误差

由上图可知，从插值误差更小的角度定量评估，ST _ TOPK _ WB 模型表现最优。此外，除了列举的图 3.3 外，在其他时间点的插值结果也表明，ST _ TOPK _ WB 模型往往能在更多的地点实现较小的估计方差。比较估计方差的空间分布可以发现，位于流域主干流上空间点的插值误差通常要低于支流上的结果，而越靠近各支流上游的源头测站往往估计误差最大。

对比图 3.3（a）和图 3.3（b）可知，汉江流域整个研究区内单个栅格的估计方差的上限值会大于赣江流域的结果，这在一定程度上是因为受到已知观测站点个数相对较少，径流资料样本量有限的负面影响。

依据图 2.3 的河网结构和水文随机方法原理，划分流域水系为多个河道单元，每段长度设置为 1km。将各流域内每个栅格的产流量插值数据进行累加，完成河道上的“汇流”计算，得到各河道单元及流域站点控制子集水区某一时间点的总流量值，并进一步对各个已知站点的径流插值序列精度进行分析。

3.4.2　径流插值序列的精度分析

1. 径流插值序列的交叉验证和“实际”验证

（1）径流插值序列的整体精度评估。表 3.2 总结了基于这 4 种 Kriging 水文随机模型的径流时空序列插值策略在赣江流域 23 个测站和汉江流域 8 个测站的交叉验证结果。

由表 3.2 可知，分别采用 S _ OK _ WB 和 ST _ OK _ WB 方法时，赣江流域各站点径流插值序列的 *NSE* 平均值分别为 0.85 和 0.86。对于汉江流域，各站点径流插值序列的 *NSE* 平均值分别为 0.83 和 0.83。分别采用 S _ TOPK _ WB 和 ST _ TOPK _ WB 方法时，赣江流域各站点径流插值序列的 *NSE* 平均值分别为 0.87 和 0.90。其中，ST _ TOPK _ WB 插值法可实现全部站点的 *NSE* 值均在 0.80 以上，并且在约 70%（16 个）的站点达到优于 ST _ TOPK _ WB 方法的 *RMSE* 和 *MAE* 结果。对于汉江流域，各站点径流插值序列的 *NSE* 平均值在采用 S _ TOPK _ WB 和 ST _ TOPK _ WB 方法时分别为 0.85 和 0.87，而 ST _ TOPK _ WB 在汉江流域约 63%（5 个）的站点取得了更高的 *NSE* 值和更低的 *RMSE* 值或 *MAE* 值。

上述结果表明，ST _ OK _ WB 和 ST _ TOPK _ WB 的整体插值能力大体上要分别强于S_OK_WB和S_TOPK_WB。但在个别站点也存在*NSE*略低的情况，该结果说明流域内的这部分站点受前、后时期径流的时间相关性的影响并不太大。S_OK_WB和第2章2.5.3节中S_TOPK（平均*NSE*值在赣江流域和汉江流域分别为0.83和0.82）的对比结果表明，在基于Kriging模型的径流插值策略中，河网水量平衡约束条件的加入，相较于对河网空间拓扑结构的考虑，对时空序列插值精度的提升发挥了更重要的作用。当同时考虑二者时，即采用S_TOPK_WB和ST_TOPK_WB模型，其插值结果的*NSE*系数相较于仅考虑河网拓扑结构或仅考虑水量平衡约束的情况将提升0.02～0.10。

对比表3.2各站点的结果发现，在大子流域（$>1800km^2$）的控制站点，S_TOPK_WB和ST_TOPK_WB的插值效果均很好（$NSE>0.90$）。这是因为：①此类站点包含了很多空间邻域站点的径流信息；②大子流域（$>1800km^2$）的汇流时间相对较长，是否考虑时间相关性结构对插值结果的影响不大。但小子流域（$<1800km^2$）站点由于地处站网分布相对稀疏的位置，可访问的上下游已知径流信息有限，往往插值效果不如前者。在此情况下，考虑到小流域的汇流速度相对较快，径流序列的时间相关性相对较强，将原来的仅衡量空间相关性拓展为对时空相关性结构的分析后，插值效果则有所提升，比如，采用ST_TOPK_WB方法替代S_TOPK_WB后，滁州站的*NSE*由0.79上升至0.82，谷城站由0.76上升至0.80。

对比表3.2两个流域的结果可发现，赣江流域的时空插值效率整体要优于汉江流域的结果。这说明无论哪种水文随机插值策略，均是在站网密度相对较高的大流域内会表现出更好的适用性。

表3.3中针对各流域5个缺失数据测站的“实际验证”结果证实了本章4种插值策略在两个流域上的可行性。同样的，ST_TOPK_WB与S_TOPK_WB表现最优，在两个流域绝大多数的含有缺失数据的站点能取得更高的*NSE*值（在赣江流域的*NSE*平均值分别为0.83和0.87，在汉江流域分别为0.79和0.83）以及更低的*RMSE*和*MAE*值，而且对于小子流域站点的插值效率有所提高。

（2）径流插值序列的统计参数的精度评估。图3.4分析了两个流域的径流时空插值序列的5种统计参数（平均值、标准差、中位数、最小值和最大值）

表 3.2 基于 4 种 Kriging 水文随机模型的径流时空插值序列的交叉验证结果

站点	S_OK_WB			ST_OK_WB			S_TOPK_WB			ST_TOPK_WB		
	NSE	*RMSE*	*MAE*	*NSE*	*RMSE*	*MAE*	*NSE*	*RMSE*	*MAE*	*NSE*	*RMSE*	*MAE*
赣江流域												
外洲	0.93	262.6	194.9	0.95	247.3	187.0	0.98	243.8	181.8	0.98	240.5	165.9
滁州	0.74	5.3	3.0	0.74	5.2	3.4	0.79	5.3	3.6	0.82	2.2	1.9
杜头	0.82	5.1	4.6	0.81	4.8	4.6	0.82	4.8	4.6	0.86	4.8	2.9
枫坑口	0.86	25.9	29.6	0.87	30.4	28.9	0.90	22.8	30.1	0.91	21.2	15.4
翰林桥	0.86	25.3	18.3	0.87	29.2	17.7	0.87	24.2	16.7	0.87	23.9	14.9
鹤洲	0.86	4.3	3.4	0.89	4.2	2.8	0.89	3.6	2.7	0.88	2.5	1.7
林坑	0.79	11.3	7.3	0.79	10.8	7.5	0.80	10.7	7.2	0.84	7.9	6.8
麻州	0.87	14.7	14.3	0.88	14.7	14.2	0.90	14.6	13.2	0.88	10.4	7.5
宁都	0.84	22.0	15.0	0.83	22.0	14.3	0.85	21.9	14.1	0.91	18.9	12.6
牛头山	0.88	26.9	25.5	0.89	26.4	24.4	0.89	25.6	24.2	0.93	11.6	7.6
茅洲	0.83	22.4	21.9	0.82	20.4	22.6	0.83	18.5	21.3	0.88	17.7	12.1
赛塘	0.89	23.7	19.1	0.90	23.5	18.7	0.95	22.5	18.4	0.95	15.9	10.4
上沙兰	0.86	45.2	29.8	0.89	45.2	29.8	0.91	45.5	29.9	0.96	33.3	17.9
危坊	0.82	8.3	7.7	0.81	8.5	7.7	0.84	7.9	7.6	0.82	5.2	3.6
田头	0.81	26.4	23.1	0.81	26.4	22.3	0.80	26.5	23.8	0.84	22.3	19.8
羊信江	0.87	5.6	4.4	0.86	5.5	4.6	0.87	5.4	4.8	0.85	4.1	2.9

续表

站点	S_OK_WB			ST_OK_WB			S_TOPK_WB			ST_TOPK_WB		
	NSE	*RMSE*	*MAE*	*NSE*	*RMSE*	*MAE*	*NSE*	*RMSE*	*MAE*	*NSE*	*RMSE*	*MAE*
新田	0.85	34.7	24.5	0.85	36.3	25.6	0.85	33.9	23.7	0.92	18.5	15.7
窑下坝	0.87	12.8	11.5	0.87	13.4	10.9	0.90	12.4	11.7	0.91	12.3	8.4
宜丰	0.83	7.7	5.1	0.82	7.5	5.0	0.84	7.3	5.2	0.89	3.2	2.6
寨头	0.82	3.5	2.1	0.82	3.4	2.0	0.82	3.1	1.8	0.86	1.9	1.3
吉安	0.92	147.6	101.4	0.94	147.2	101.4	0.94	148.2	101.9	0.99	125.8	91.5
峡山	0.92	90.5	61.7	0.92	90.5	60.8	0.93	89.2	59.8	0.95	74.4	59.6
栋背	0.92	124.8	90.3	0.91	126.0	89.8	0.94	122.1	84.2	0.98	119.8	83.5
汉江流域												
仙桃	0.88	353.3	230.4	0.90	397.5	232.4	0.90	375.7	227.8	0.93	371.6	179.6
沙洋	0.85	369.6	237.8	0.88	390.9	235.6	0.88	381.4	233.5	0.91	334.6	162.1
皇庄	0.86	386.7	249.6	0.90	399.1	257.9	0.92	388.1	235.1	0.91	353.4	168.9
襄阳	0.86	442.6	273.9	0.85	447.2	269.4	0.87	443.9	257.7	0.90	412.2	153.5
黄家港	0.81	432.0	289.6	0.83	494.5	270.2	0.83	446.5	267.4	0.87	432.6	160.5
谷城	0.76	30.3	20.7	0.76	36.2	19.3	0.76	31.9	17.4	0.80	26.2	13.2
新店铺	0.83	34.4	19.2	0.81	42.4	19.9	0.85	38.4	13.8	0.84	28.6	12.5
郭滩	0.78	22.6	27.3	0.78	31.2	23.9	0.81	25.4	20.3	0.81	28.2	21.3

表 3.3 基于 4 种 Kriging 水文随机模型的径流时空序列插值的“实际”验证结果

站点	S_OK_WB			ST_OK_WB			S_TOPK_WB			ST_TOPK_WB		
	NSE	*RMSE*	*MAE*	*NSE*	*RMSE*	*MAE*	*NSE*	*RMSE*	*MAE*	*NSE*	*RMSE*	*MAE*
赣江流域												
瑞金*	0.77	16.5	11.0	0.79	15.2	10.3	0.81	12.4	8.6	0.85	11.1	6.6
安和*	0.75	4.6	2.7	0.76	3.7	2.1	0.77	2.7	1.9	0.82	2.2	1.5
芦溪*	0.83	5.9	3.0	0.82	5.9	2.6	0.84	3.9	2.4	0.86	3.1	1.9
峡江*	0.90	212.6	166.3	0.92	231.4	160.5	0.92	205.2	131.8	0.96	190.4	125.7
木口*	0.81	17.1	14.4	0.82	17.5	13.9	0.83	16.5	13.8	0.84	15.3	11.6
汉江流域												
白土岗*	0.71	54.0	44.9	0.72	55.7	45.2	0.70	56.7	43.1	0.76	48.3	38.5
社旗*	0.75	19.9	14.7	0.75	19.5	17.5	0.76	19.4	12.1	0.81	17.3	10.0
余家湖*	0.88	459.3	309.3	0.89	459.1	328.0	0.89	458.1	307.1	0.93	429.3	226.5
青峰*	0.79	14.5	8.7	0.78	17.4	9.7	0.81	10.2	7.8	0.83	10.1	7.1
琚湾*	0.76	17.1	13.6	0.78	16.5	13.0	0.80	13.1	10.2	0.80	13.1	10.0

注 *为含缺失数据的水文测站。

的相对误差情况。结果表明，不论赣江流域或汉江流域，径流插值序列的各个统计参数在小子流域站点的估计情况普遍不如在大子流域站点时的结果。平均值上，小子流域多呈正偏，大子流域则多呈现负偏，而标准差的估计结果普遍偏低。此结果在一定程度上是由于受到水文随机方法中河网水量平衡约束条件的影响而造成的。尽管如此，它们的相对误差均能控制在±0.15。中位数的相对误差常呈现偏高，在赣江流域为±0.15，在汉江流域为±0.6。相比之下，最小（最大）值的估计误差则更为明显。最大值往往被低估，其相对误差在两个流域的站点上均为±0.4。最小值则出现了严重的高估情况，其最大相对误差在赣江流域接近于1.5（出现于滁州站），在汉江流域甚至可高达6.2（S_OK_WB模型估计谷城站的结果）。这是由于这两个站点均属于各流域上游区的源头站，其可包含的空间邻域内的径流信息相比于其他站点极少，加之原始观测的最小径流量值（$<3m^3/s$ 或 $1m^3/s$）本身极小（参见表 2.3），因此计算所得的相对误差会显得非常大。从图中各圆圈接近红线（无偏基准）的程度来看，ST_TOPK_WB 插值得到的径流序列统计特征的估计值整体上最优，其次为 S_TOPK_WB。总体而言，上述发现与表 3.2 和表 3.3 的分析结果相一致。

2. 河网各站点出口流量验证

水文随机方法的核心思想即是控制某一流域上下游站点的出流量满足河网水系分配作用下的水量平衡关系。因此有必要对研究流域内河网结构上的各空间点上游集水区内全部栅格的产流插值量进行“汇流”（累加）计算，并就各已知观测站点（即赣江流域的 23 个站点和汉江流域的 8 个站点）的总径流估计值与实际观测流量值进行对比验证。图 3.5 比较分析了赣江流域 1973 年 3 月、1987 年 10 月和汉江流域 1995 年 9 月、2002 年 6 月各观测站点最终的径流量估计值与观测值的对应关系。

由图 3.5 可见，两个最优识别模型 S_TOPK_WB 和 ST_TOPK_WB 均能较好地使得每个观测站点的径流量估计值接近于实测值（二者的线性回归方程斜率近似为 1，回归系数在 0.99 以上）。此外，根据已有的前人研究成果（严子奇等，2010）表明，尽管受到研究区内原始观测数据量以及站点空间分布的影响，水文随机模型由于加入了对河网水量平衡关系的考虑，依然能够在插值结果中保证各站的径流估计值与实测值基本吻合。同时，该结果也在一定程度上反映了水文随机方法中的河道水量累加计算与实际中的河道汇流过程的最终结果有较好的一致性。进一步分析发现，虽然两种模型的插值结果在水量平衡约束的条件下均较好，但 ST _ TOPK _ WB 模型的表现更优。这说明在原始的水文随机方法基础上，同时加入对时间和空间相关性结

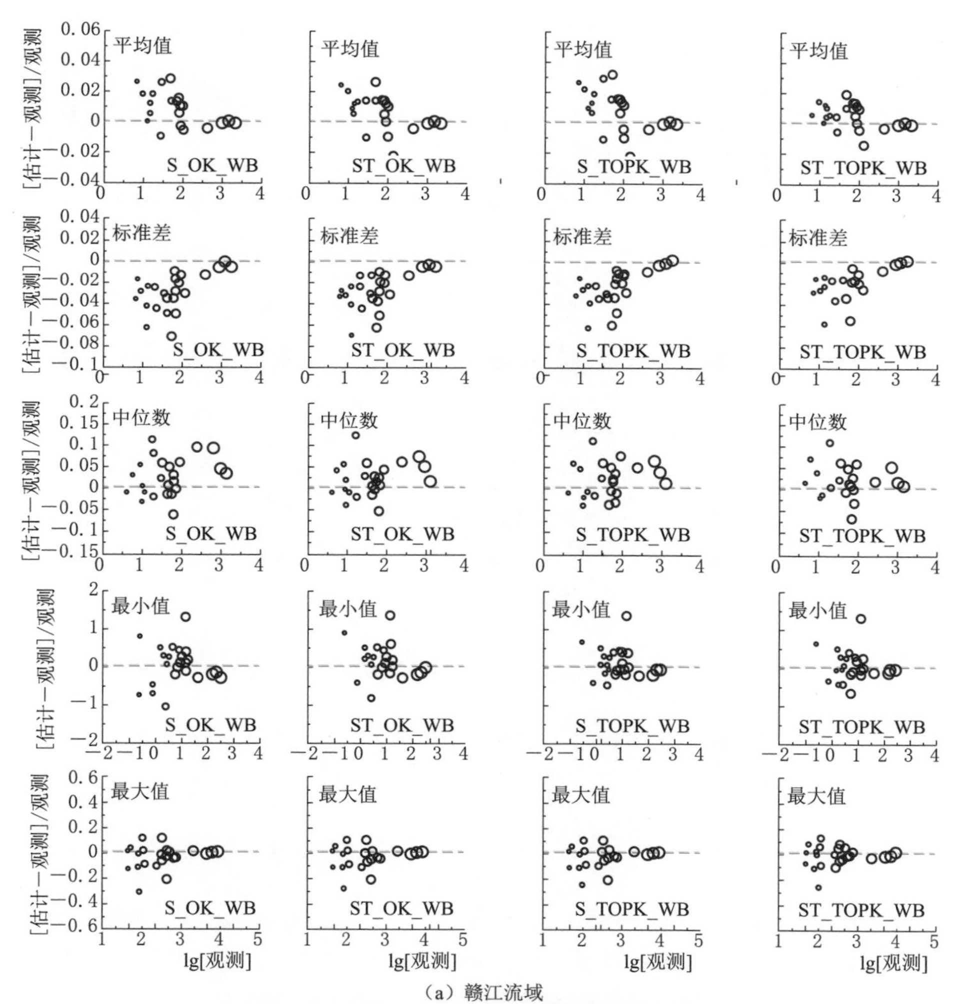

（a）赣江流域

图 3.4（一）　赣江流域和汉江流域的各站点径流插值序列与实测序列的统计参数的相对误差（以圆圈的 y 坐标值表示，其大小代表各站点的面积量级；圆圈越接近 $y=0$ 的红色虚线，表明相对误差越小；对数 x 坐标以 10 为底）

• <310km² ∘ 310~600km² ○ 600~1800km² ○ 1800~6000km² ○ 6000~25000km² ○ 25000~85000km²

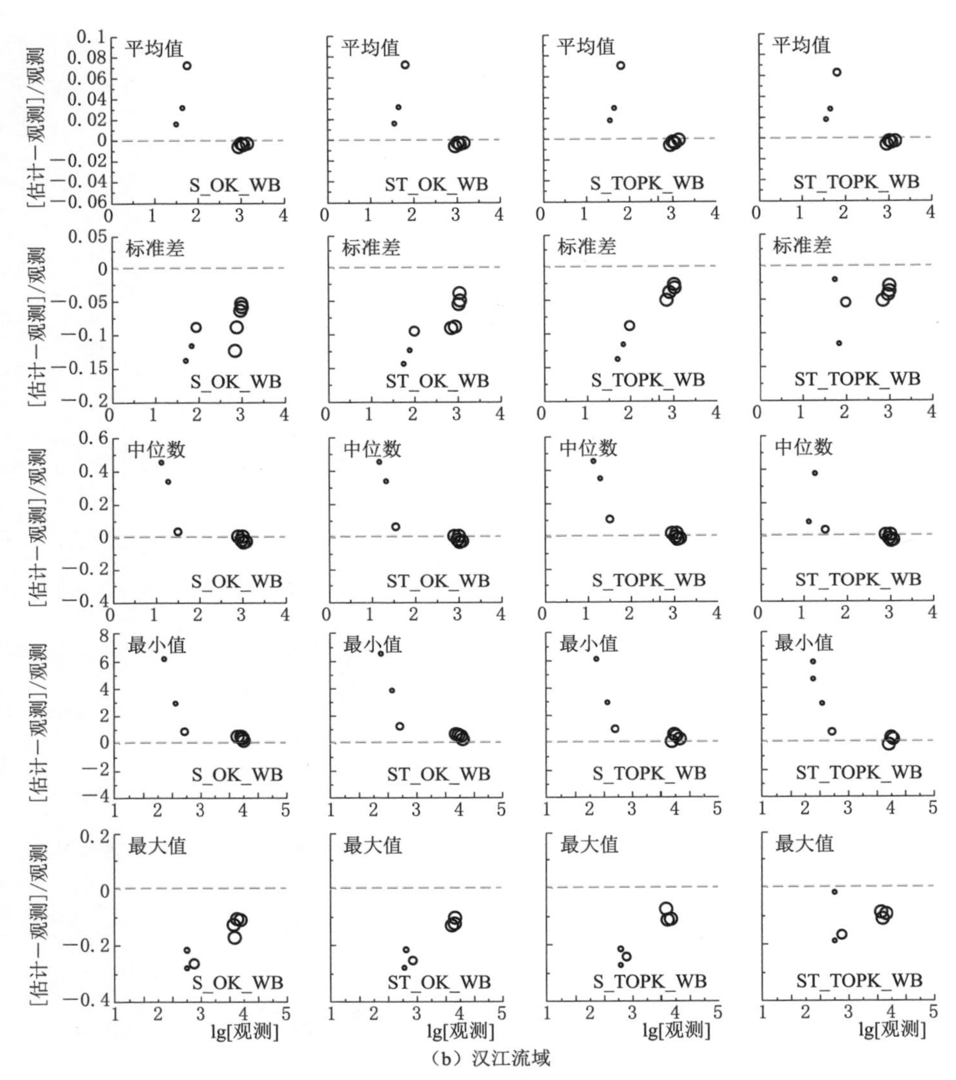

图 3.4（二）　赣江流域和汉江流域的各站点径流插值序列与实测序列的统计参数的相对误差（以圆圈的 y 坐标值表示，其大小代表各站点的面积量级；圆圈越接近 $y=0$ 的红色虚线，表明相对误差越小；对数 x 坐标以 10 为底）

• <500km² ∘ 500~1000km² ○ 1000~5000km² ○ 5000~10000km² ○ 10000~50000km² ○ 50000~150000km²

构的考虑会在一定程度上提供更接近于真实径流变化过程的结果，进而有利于提高插值计算的精度。

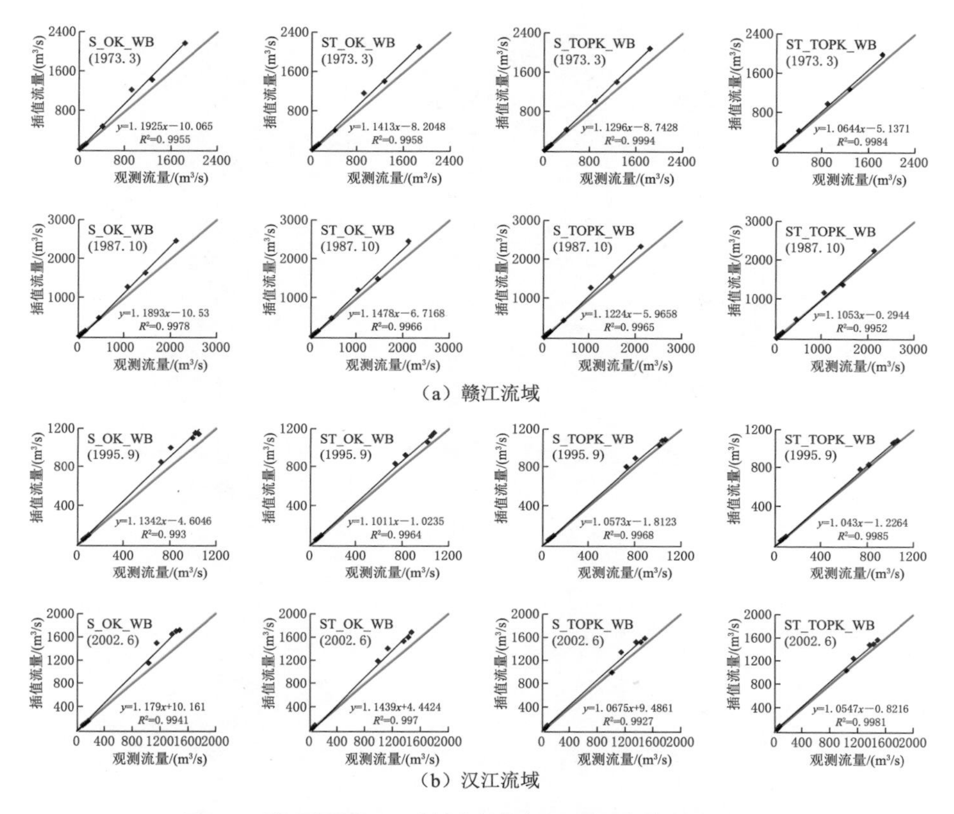

图 3.5　赣江流域和汉江流域的各站点出口流量与实测值对比图

3.4.3　径流序列的插值预测图

1. 径流值沿河网结构的空间分布图

图 3.6 和图 3.7 分别以赣江流域 1973 年 3 月、1987 年 10 月和汉江流域 1995 年 9 月、2002 年 6 月的径流量为例，展示了 3.4.2 节中识别的两个最优模型（S _ TOPK _ WB 和 ST _ TOPK _ WB）在河网上各点的最终径流插值结果。为了便于分析各插值策略的估计效果，图中圆点的颜色突出显示了各测站原始观测径流值的大小，并与河网上的流量估计值进行比较。

图 3.6～图 3.7 结果表明，S _ TOPK _ WB 和 ST _ TOPK _ WB 模型在总体上的插值结果较为理想。其中，最好的结果位于大子流域（>1800km²）

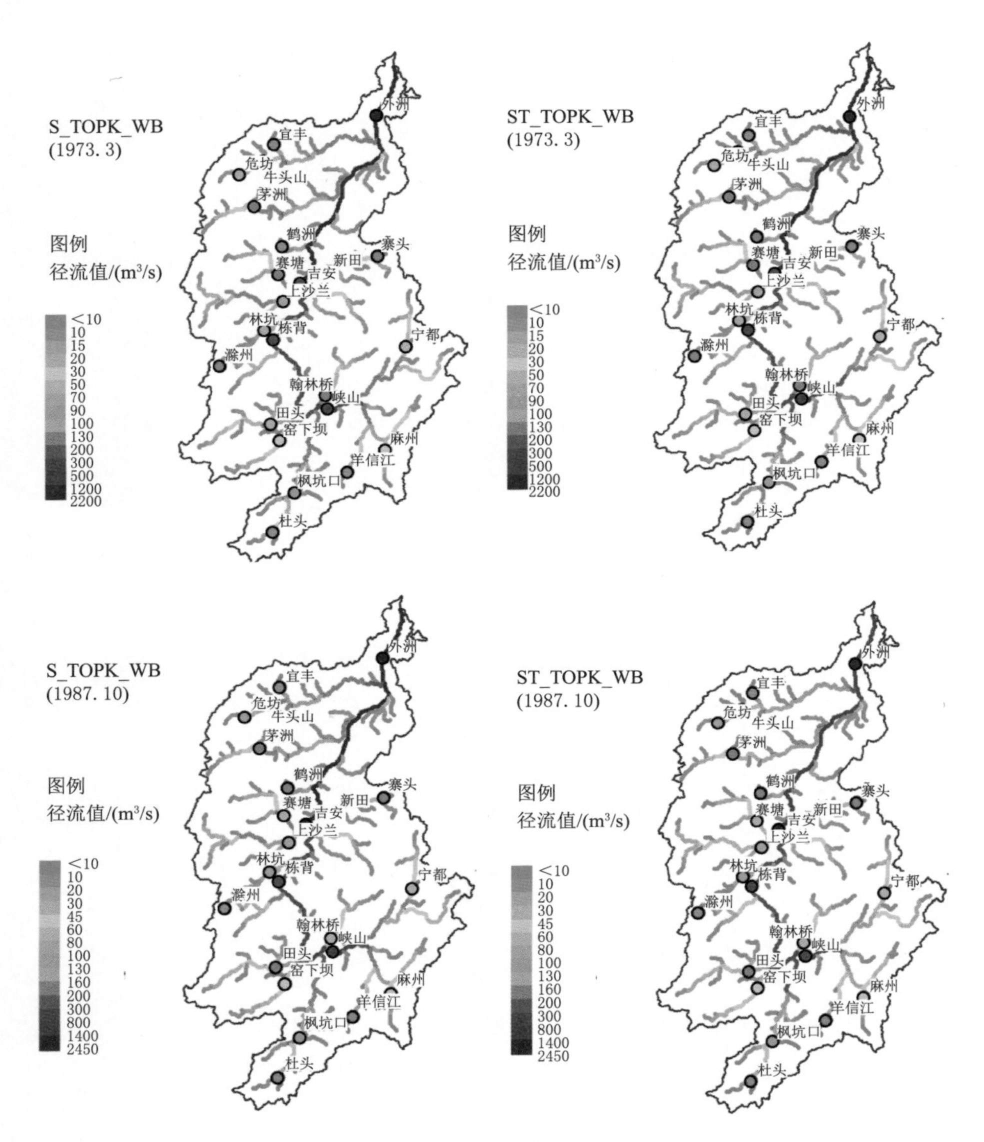

图 3.6　赣江流域沿河网结构的插值径流分布图

的控制站点。原因是：①在水量平衡约束下，为了追求总体估计方差最低，水文随机方法的插值计算会不可避免地以牺牲掉部分小站点的局部最优拟合为代价；②小流域站点的径流产汇流变化过程更为不规律，对其插值更不易（Skøien 等，2007；Gottschalk 等，2015）。但需要指出的是，除了大子流域

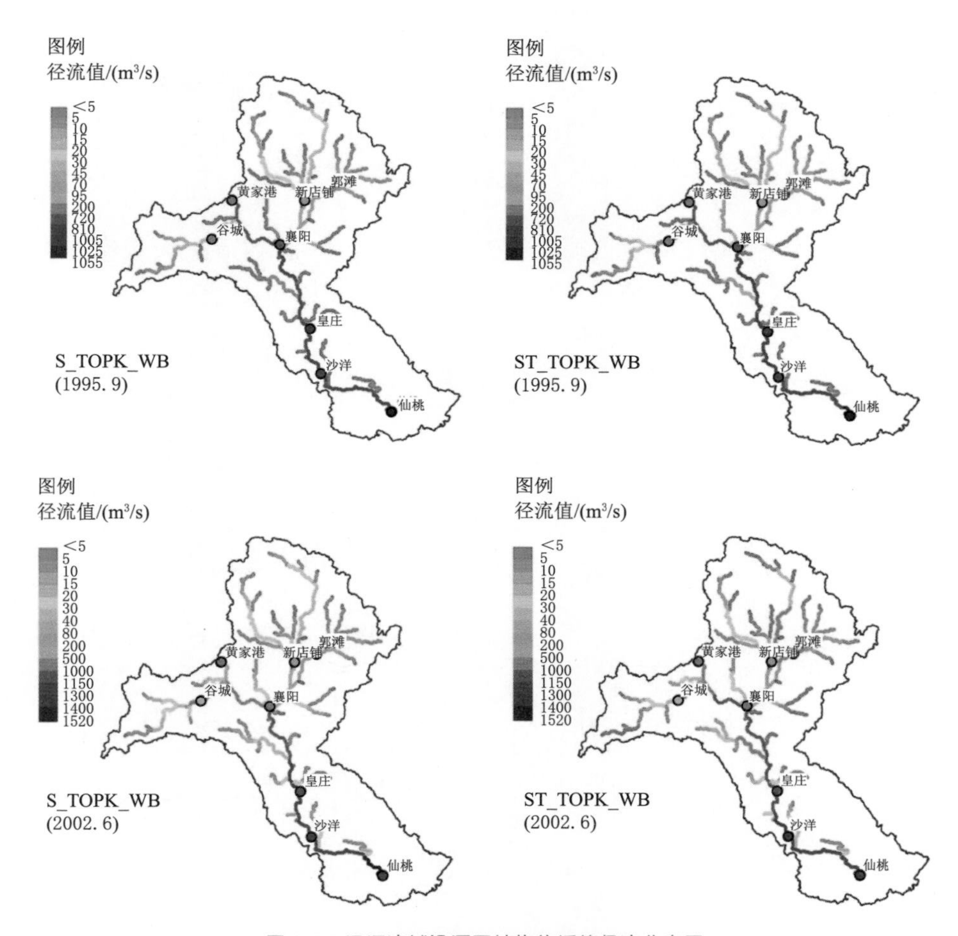

图 3.7　汉江流域沿河网结构的插值径流分布图

区，个别中小型子流域的插值效果也较好。这说明最好的径流插值结果多出现于那些有一个或多个已知上游邻区径流信息的站点。典型的例子比如赣江流域的牛头山站（覆盖流域面积为 2710km²），该站拥有与上游支流处危坊站共享的集水区，且可访问邻近站宜丰的径流信息（参见表 2.3），其时间插值序列的 *NSE* 值约为 0.89 或 0.93（分别对应于 S _ TOPK _ WB 和 ST _ TOPK _ WB 模型）。反之，没有上下游或其他邻域信息的源头站点的径流插值结果通常会较低，尽管如此，在采用本章的水文随机方法后，其结果会有所改善（例如，林坑和赛塘站等）。特别地，图 3.7 直观地反映了 ST _ TOPK _ WB

方法相比于 S _ TOPK _ WB 的优势。比如，S _ TOPK _ WB 方法由于仅衡量了空间相关性结构，导致沙洋站于 2002.6 时的插值径流受到了下游区仙桃站同期径流量大小的影响从而被高估；ST _ TOPK _ WB 方法综合考虑了时空相关性结构，所以能避免此问题。

2. 缺失径流序列预测图

图 3.8 直观给出了最优识别模型 ST _ TOPK _ WB 插值计算的各流域缺失数据测站的径流序列预测图，并与已有原始观测记录作对比。

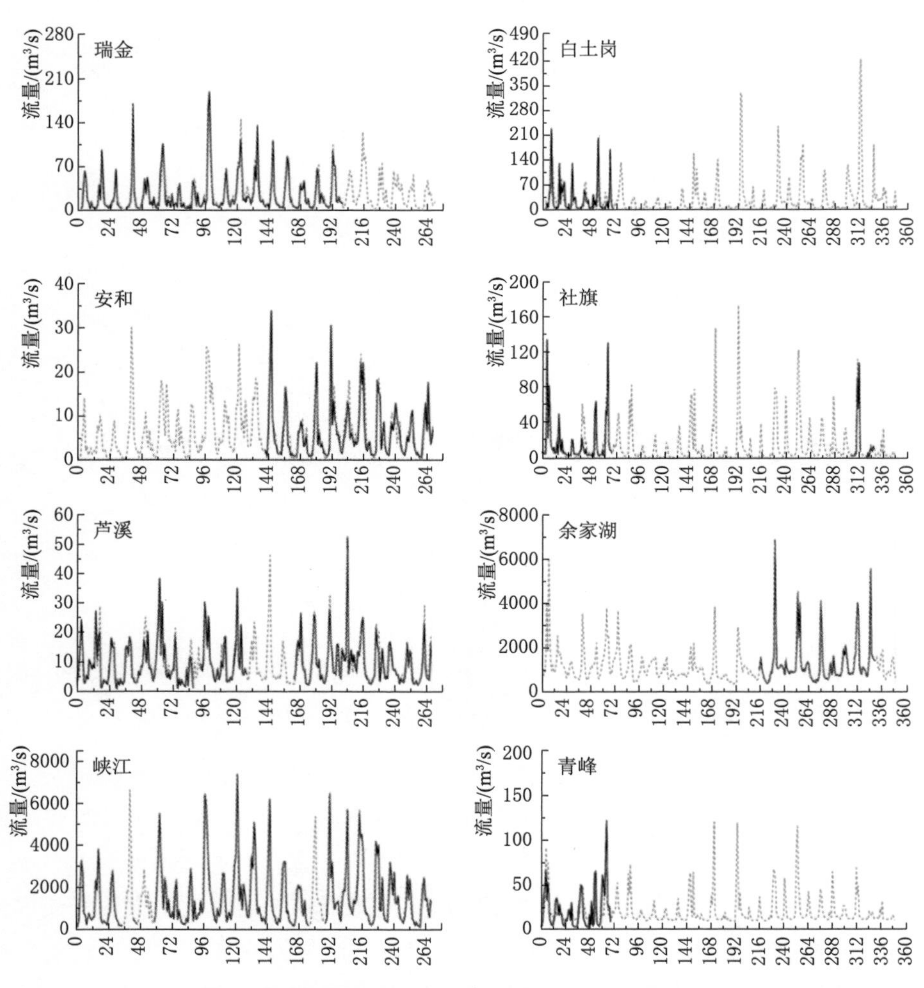

图 3.8（一） 赣江流域和汉江流域缺失数据站点的径流插值序列图（ST _ TOPK _ WB 模型）

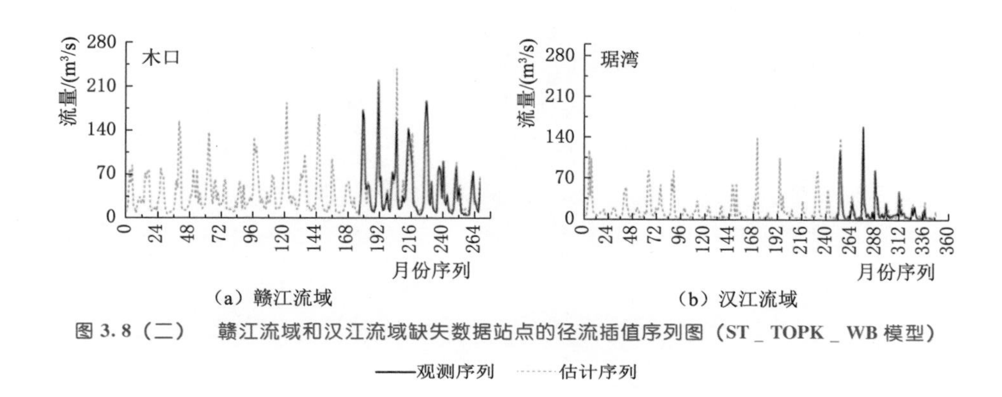

（a）赣江流域　　（b）汉江流域

图 3.8（二）　赣江流域和汉江流域缺失数据站点的径流插值序列图（ST _ TOPK _ WB 模型）

——观测序列　……估计序列

3.5 本章小结

本章承接第 2 章的研究工作，结合水文随机方法（Hydro - stochastic approach）的插值理论，针对普通 Kriging 和 Top - Kriging 模型加入了对河网水量平衡约束的考虑，建立了基于空间相关结构的 Kriging 水文随机模型，即 S _ OK _ WB 和 S _ TOPK _ WB。在此基础上，本章进一步将上述两个模型拓展于时空领域，提出了 ST _ OK _ WB 和 ST _ TOPK _ WB 水文随机插值模型。其中，ST _ TOPK _ WB 方法在理论上具有以下主要优点：①考虑了上下游嵌套子流域间的相似性；②合理地反映了地理上非共享空间子流域间的相似性；③由仅衡量地理相关性拓展为同时对时间和空间相关性结构的解释；④受河网上下游水量平衡关系的约束，以期为提高全流域径流时空序列的插值精度提供一种有益的途径。

本章探讨和比较了上述 4 种模型在我国赣江和汉江两个流域上应用的可行性和优劣势，并验证其在理论上的合理性。分析了采取不同方法产生的径流插值序列的估计效率，及其与待测站点特征或其他潜在影响因素的联系。结果表明，S _ TOPK _ WB 和 ST _ TOPK _ WB 模型的径流插值结果，相较于 S _ OK _ WB 和 ST _ OK _ WB，均能更好地反映流域内径流量的时空分布特征，并满足河网水量平衡关系。ST _ TOPK _ WB 在流域大多数站点取得了最优的插值效果，特别是由于加入对时间相关性的考虑，提升了对流域上游区源头站的最小径流值的估计能力。但值得注意的是，ST _ TOPK _ WB

模型在应用于某些受径流时间相关性影响不大的站点时也可能会适得其反。对比第 2 章的结果发现，在有限的观测数据条件下，加入河网水量平衡约束条件将比考虑河网拓扑结构更有助于提升 Kriging 模型的插值效果。

本章力求在尽可能高精度的空间分辨率且计算负担适中的情况下，开展适应于径流要素特征的 Kriging 水文随机插值应用。但此类方法的本质仍然决定了插值效果要受限于空间同质性、（准）平稳性等基本假设，流域测站的空间分布情况，以及原始数据的质量等。综上分析，本章研究认为 S _ TOPK _ WB 和 ST _ TOPK _ WB 方法将更适合于在流域站网空间分布均匀且相对稠密的大尺度流域上推广使用。

第4章

基于河网整体时空相关性的经验正交函数插值法

经验正交函数（Empirical orthogonal function，EOF）是随机统计学里基于多维变量 Karhunen - Loève 分解扩展理论（Loève，1945；Gottschalk 等，2006）的一种方法。在不同的学科领域内，EOF 法也被称作主成分分析法、因子分析法、特征向量分析法等。EOF 最初流行于气象学和气候学的科学研究，并逐渐受到水文学领域的关注。此方法将某一物理量的原始观测数据描述为大尺度随机场上变量的多个实现，通过描述此变量（视为可在时间和空间上演变的随机过程）的方差-协方差关系或相关系数结构，将原始观测数据分解为随机场上在空间、时间域内相互正交的经验函数和相互独立的主成分（波幅函数）之间的线性组合。由此确定的波幅函数，不随研究区域内各空间位置的不同而变化，因而可应用于目标流域内任意地点缺失径流序列的大规模插值：不仅是间歇性的某个时间点，也包括连续的长期时间片段（Gottschalk 等，2015；Li 等，2018）。不同于第 2、第 3 章基于 Kriging 模型的插值策略，EOF 法能够充分表征物理量在随机变量场上的整体时空相关性和变异特征结构，而非仅是对局部的衡量，因此，相较而言，EOF 法更为全面地保留了原始径流的时空信息。

EOF 作为一种多维数据分析的有效工具，已应用于复杂序列组的降维处理、水文变化模式的特征识别、径流情势的分类、径流变化特征的描述等（Krasovskaia 等，1995；Krasovskaia 等，1999，2003a，2003b；Ionita 等，2014；Li 等，2017），特别是作为一个强有力的随机插值法策略，“绘制”水文气象要素在空间和时间上的演变过程（Creutin 等，1982；Obled 等，1987；

Hisdal 等，1992，1993；Gottschalk，1993b；Krasovskaia 等，1995；Sauquet 等，2000a，2008；Beckers 等，2003；Henn 等，2013；Gottschalk 等，2015；Yu 等，2015b）。Gottschalk 等（2015）采用了普通 EOF 方法用于哥伦比亚马格达莱纳河流域的月径流序列缺失记录的插补，并进一步提出结合水文随机方法的无资料区径流时空序列插值策略。该研究指出：某些位于山区源头测站的插值结果一般，可归因于该地点的径流序列倾向于呈现无规则的空间变异性，而波幅函数在该区的代表性也相对较弱。由于无量纲的波幅函数很少得以清晰明确的物理意义解释，因此十分有必要增强其水文意义，并进而提高它对流域内各种径流变化模式的解释和重建能力。

本章提出一种改进的 EOF 法，即条件 EOF 方法（CEOF），来更好地反映流域河网结构作用下径流要素的时空相关性特征，以期为改善传统 EOF 法在流域径流时空序列插值上的精度提供一定参考。

4.1 传统经验正交函数理论（EOF）

以应用于河川径流变量为背景，简要回顾传统的经验正交函数法（EOF）的基本理论。首先，为消除流域空间各站点控制子集水区面积不同所带来的空间变异性差异和不确定性等问题，需对变量随机场的整体时空观测序列作均一化处理，主要包括中心化和标准化两种：

$$X(t,\omega_i)=\begin{cases}Q(t,\omega_i)-m_Q(\omega_i) & \text{中心化}\\ [Q(t,\omega_i)-m_Q(\omega_i)]/\sigma_Q(\omega_i) & \text{标准化}\end{cases}\tag{4.1}$$

式中：$X(t,\omega_i)$ 为中心化或标准化的流量序列；$m_Q(\omega_i)$ 、$\sigma_Q(\omega_i)$ 分别为去嵌套集水区流量序列的均值和标准差。

经均一化处理后的 $Q(t,\omega_i)$ 也可以写作是由去嵌套集水面积内各空间点 $\boldsymbol{u}$ 的瞬时流量积分推导而来的形式（式中符号意义同前）：

$$\begin{aligned}Q(t,\omega_i)&=\iint_{\boldsymbol{u}\in\omega_i}Q(t,\boldsymbol{u})\mathrm{d}\boldsymbol{u}\\&=\begin{cases}m_Q(\omega_i)+\iint_{\boldsymbol{u}\in\omega_i}X(t,\boldsymbol{u})\mathrm{d}\boldsymbol{u}=m_Q(\omega_i)+X(t,\omega_i) & \text{中心化}\\ m_Q(\omega_i)+\sigma_Q(\omega_i)\iint_{\boldsymbol{u}\in\omega_i}X(t,\boldsymbol{u})\mathrm{d}\boldsymbol{u}=m_Q(\omega_i)+\sigma_Q(\omega_i)X(t,\omega_i) & \text{标准化}\end{cases}\end{aligned}\tag{4.2}$$

根据 EOF 的分解展开原理，$X(t,\omega_i)$ 可线性分解为空间和时间函数的双正交序列组：

$$X(t,\omega_i) = \sum_{k=1}^{M} \psi_k(t)\beta_k(\omega_i) \tag{4.3}$$

其中，时间函数 $\psi_k(t)(k = 1,\cdots,M)$ 即熟知的主成分，它是与时空域 Ω 内任意特定空间点的流量序列不直接对等的一组 M 维时间序列（Gottschalk 等，2015）。空间函数 $\beta_k(\omega_i)$ 即是经验正交函数，代表某 k 阶主成分函数在任意去嵌套集水区 ω_i 的权重系数集，满足

$$\sum_{k=1}^{M} \beta_k(\omega_j)\beta_k(\omega_i) = \begin{cases} 0 & (i \neq j) \\ 1 & (i = j) \end{cases} \tag{4.4}$$

在 Holmström（1970）的研究中，$\beta_k(\omega_i)$ 和 $\psi_k(t)$ 的术语分别称为 EOF 权重函数和波幅函数。它们都是阈值（$-\infty$，$+\infty$）内的无量纲值。

EOF 分解展开的物理意义是：任意去嵌套集水区 ω_i 的中心化流量序列 $X(t,\omega_i)$ 都可以看作是不同阶波幅函数投影在该区权重函数向量上的全部函数值的线性组合。当然，中心化和标准化两种序列预处理下得到的波幅函数和 eof 权重函数会不尽相同（Johnson 等，2007；Gottschalk 等，2015）。

对于流量 Q（单位：m^3/s），$\beta_k(\omega_i)$ 满足以下基本公式：

$$\sum_{j=1}^{M} \mathrm{cov}_Q(\omega_i,\omega_j)\beta_k(\omega_j) = \lambda_k\beta_k(\omega_i) \quad (i = 1,\cdots,M) \tag{4.5}$$

可写作矩阵形式：

$$\mathbf{cov}_Q\boldsymbol{B} = \boldsymbol{\Lambda}\boldsymbol{B} \tag{4.6}$$

其中：去嵌套区的测站 $i \in (1,\cdots,M)$ 和 $j \in (1,\cdots,M)$ 的流量序列间的协方差 $\mathrm{cov}_Q(\omega_i,\omega_j)$ 或其矩阵形式为

$$\mathbf{cov}_Q = \begin{bmatrix} \mathrm{var}_Q(\omega_1) & \mathrm{cov}_Q(\omega_1,\omega_2) & \cdots & \mathrm{cov}_Q(\omega_1,\omega_M) \\ \mathrm{cov}_Q(\omega_2,\omega_1) & \mathrm{var}_Q(\omega_2) & \cdots & \mathrm{cov}_Q(\omega_2,\omega_M) \\ \vdots & \vdots & \ddots & \vdots \\ \mathrm{cov}_Q(\omega_M,\omega_1) & \mathrm{cov}_Q(\omega_M,\omega_2) & \cdots & \mathrm{var}_Q(\omega_M) \end{bmatrix} \tag{4.7}$$

其中，$\mathrm{cov}_Q(\omega_i,\omega_j)$ 和 $\mathbf{cov}_Q$ 直接由样本的时空方差-协方差矩阵（参见第 2 章 2.1.2 节）估计得来。特别地，对于标准化序列的 $X(t,\omega_i)$，式（4.7）则转化为时空相关系数 $\rho(\omega_i,\omega_j)$ 的矩阵，即

$$\mathrm{cov}_Q(\omega_i, \omega_j) = \sigma_Q(\omega_i)\sigma_Q(\omega_j)\rho(\omega_i, \omega_j) = \rho(\omega_i, \omega_j) \tag{4.8}$$

根据标准的线性代数原理，求解出矩阵（4.7）的特征向量，即包含 M 个 $\beta_k(\omega_j)$ 列向量的 eof 权重函数矩阵：

$$\boldsymbol{B} = \begin{pmatrix} \beta_1(\omega_1) & \beta_2(\omega_1) & \cdots & \beta_M(\omega_1) \\ \beta_1(\omega_2) & \beta_2(\omega_2) & \cdots & \beta_M(\omega_2) \\ \vdots & \vdots & \ddots & \vdots \\ \beta_1(\omega_M) & \beta_2(\omega_M) & \cdots & \beta_M(\omega_M) \end{pmatrix} \tag{4.9}$$

和特征值［一组包含标量元素 $\lambda_k(k=1,2,\cdots,M)$ 的对角矩阵，通常按值的大小依次递减排序为 $\lambda_k \geqslant \lambda_{k+1}$］：

$$\boldsymbol{\Lambda} = \begin{pmatrix} \lambda_1 & & & \\ & \lambda_2 & & \\ & & \ddots & \\ & & & \lambda_M \end{pmatrix} \tag{4.10}$$

某 k 阶波幅函数为通过所有站点的时空观测序列的加权平均和：

$$\psi_k(t) = \sum_{i=1}^{M} X(t, \omega_i)\beta_k(\omega_i) \tag{4.11}$$

其中，特征值 λ_k 也表示 $\psi_k(t)$ 的方差值，即 $\sigma_{\psi_k}^2 = \lambda_k$。$\lambda_k$ 值越大，表明使用 $\psi_k(t)$ 描述原始观测序列的能力越大，损失的信息量越小（Gottschalk 等，2015）。自然地，第 1 阶波幅函数 $\psi_1(t)$，由于它的数值（即方差贡献）最大，因而是描述能力最强的（Johnson 等，2007）。

EOF 分析的基本思想之一就是在保证原始数据信息量最大化的原则下，把多维随机变量的全部变化模式转化为少数几个相互独立的波幅函数之间的线性组合，从而剔除冗余、无关信息，实现对高维数据结构的精炼表示。

4.2　考虑河网整体时空相关性的条件经验正交函数法（CEOF）

以提高波幅函数［特别是 $\psi_1(t)$］在描述流域径流的整体时空结构上的代表性为突破口，提出一种基于传统 EOF 法的改进方法，即条件 EOF 方法（CEOF）。该方法是在考虑河网整体时空相关性结构的基础上，重新定义了最初将 EOF 经验分解展开应用于观测流量序列 $Q(t,\omega_i)$ 所得到的波幅函数。它以强制第 1 阶波幅函数的时间波动变化恰等于某一流域参证站点的流量序列为条件，从而令第 2、第 3 等高阶的波幅函数揭示参证（出口）站上游集水区内站点的流量序列相对于该站径流的不同偏离变化，以期能从水文物理意义角度简化对波幅函数的解释，进而反映各阶波幅函数在解释沿河网系统空间结构不同径流时间变化规律上的相对代表性。该方法有利于克服传统 EOF 法高阶波幅函数在复杂时空结构中物理意义识别模糊的不足。不失一般性，下述 CEOF 方法的理论以流域出口站作为参证站进行阐述。

CEOF 方法的基本原理是：首先，通过消除每个去嵌套集水区 $\omega_i(i=1,\cdots,M)$ 的原始观测流量序列对流域总出口站中心化流量序列的线性相关性，生成一组新的残余序列 $Q^{(r)}(t,\omega_i)$：

$$Q^{(r)}(t,\omega_i)=[Q(t,\omega_i)-m_Q(\omega_i)]-\rho[Q(t,\omega_i),Q(t,\Omega)]\frac{\sigma_Q(\omega_i)}{\sigma_Q(\Omega)}[Q(t,\Omega)-m_Q(\Omega)] \tag{4.12}$$

理论上，可推导出 $Q^{(r)}(t,\omega_i)$ 具有两个重要的数学性质：

（1）M 个任意去嵌套区的残余序列 $Q^{(r)}(t,\omega_i)$ 中每一个序列的时间均值等于零。不同 $Q^{(r)}(t,\omega_i)$ 可能是相互关联的，但是 M 个去嵌套区残余序列必然独立于出口站流量序列 $Q(t,\Omega)$，即流域内任意观测站点 i 的去嵌套径流残余序列 $Q^{(r)}(t,\omega_i)$ 与该流域出口断面的流量序列 $Q(t,\Omega)$ 零相关。推导如下：

$$\begin{aligned}
&\rho[Q^{(r)}(t,\omega_i),Q(t,\Omega)]\\
&=\mathrm{cov}\{[Q(t,\omega_i)-m_Q(\omega_i)],Q(t,\Omega)\}\\
&\quad-\mathrm{cov}\left\{\rho[Q(t,\omega_i),Q(t,\Omega)]\frac{\sigma_Q(\omega_i)}{\sigma_Q(\Omega)}[Q(t,\Omega)-m_Q(\Omega)],Q(t,\Omega)\right\}\\
&=\mathrm{cov}[Q(t,\omega_i),Q(t,\Omega)]-\rho[Q(t,\omega_i),Q(t,\Omega)]\frac{\sigma_Q(\omega_i)}{\sigma_Q(\Omega)}\mathrm{cov}[Q(t,\Omega),Q(t,\Omega)]\\
&=\rho[Q(t,\omega_i),Q(t,\Omega)]\sigma_Q(\omega_i)\sigma_Q(\Omega)-\rho[Q(t,\omega_i),Q(t,\Omega)]\frac{\sigma_Q(\omega_i)}{\sigma_Q(\Omega)}\sigma_Q^2(\Omega)\\
&=0
\end{aligned} \tag{4.13}$$

（2）所有 M 个站 $Q^{(r)}(t,\omega_i)$ 的总和在任何时刻 t 都等于零，如式（4.14）推导所示。从代数学上讲，某一特定站点上任何时间 t 的流量值均可以被估计为其他站点流量的线性组合值。

$$
\begin{aligned}
&\sum_{i=1}^{M} Q^{(r)}(t,\omega_i) \\
&= \sum_{i=1}^{M}\left\{[Q(t,\omega_i)-m_Q(\omega_i)]-\rho[Q(t,\omega_i),Q(t,\Omega)]\frac{\sigma_Q(\omega_i)}{\sigma_Q(\Omega)}[Q(t,\Omega)-m_Q(\Omega)]\right\} \\
&= Q(t,\Omega)-m_Q(\Omega)-[Q(t,\Omega)-m_Q(\Omega)]\sum_{i=1}^{M}\frac{\operatorname{cov}[Q(t,\omega_i),Q(t,\Omega)]}{\sigma_Q(\omega_i)\sigma_Q(\Omega)}\frac{\sigma_Q(\omega_i)}{\sigma_Q(\Omega)} \\
&= \frac{[Q(t,\Omega)-m_Q(\Omega)]}{\sigma_Q{}^2(\Omega)}\left\{\sigma_Q{}^2(\Omega)-\sum_{i=1}^{M}\operatorname{cov}[Q(t,\omega_i),Q(t,\Omega)]\right\} \\
&= \frac{[Q(t,\Omega)-m_Q(\Omega)]}{\sigma_Q{}^2(\Omega)}\left\{\sigma_Q{}^2(\Omega)-\sum_{i=1}^{M}\sum_{j=1}^{M}\operatorname{cov}[Q(t,\omega_i),Q(t,\omega_j)]\right\} \\
&= \frac{[Q(t,\Omega)-m_Q(\Omega)]}{\sigma_Q{}^2(\Omega)}[\sigma_Q{}^2(\Omega)-\sigma_Q{}^2(\Omega)] \\
&= 0
\end{aligned}
\tag{4.14}
$$

根据上述数学性质可知，$Q^{(r)}(t,\omega_i)$ 可转化为一组相互正交的序列组，组内所得的每一个序列都正交于流域出口站的流量序列 $Q(t,\Omega)$。更确切地说，$Q(t,\Omega)$ 具备转化成为第1阶波幅函数的数学条件且符合4.1节中EOF分解的基础理论（Li等，2018）。

在上述背景下，提出了CEOF方法来创建这样一组正交序列集：

（1）将EOF分解展开式（4.3）应用于残余序列 $Q^{(r)}(t,\omega_i)$，计算 $Q^{(r)}(t,\omega_i)$ 的方差-协方差矩阵（对应中心化处理）或者相关矩阵（对应标准化处理）。

（2）将这些矩阵应用于式（4.5）和式（4.11），估计各阶波幅函数及其权重函数值。由式（4.14）可知，由于矩阵的奇异性，式（4.7）的解会得到一个零特征值（对应一个波幅函数序列的所有值为零）。因此，$Q^{(r)}(t,\omega_i)$ 可分解得到 $M-1$ 个正交、非零波幅函数 $\psi_k^{(r)}(t)(k=1,\cdots,M-1)$。

（3）定义条件波幅函数 $\varphi_k(t)(k=1,\cdots,M)$ 为重构的正交序列集：

1）第1阶条件波幅函数为流域总出口站的流量序列，即 $\varphi_1(t)=Q(t,\Omega)$；

2）第2～M 阶条件波幅函数依次等于由残余序列确定的 $M-1$ 个波幅函数，即 $\varphi_k(t)=\psi_{k-1}^{(r)}(t)(k=2,\cdots,M)$。

4.3 基于EOF和CEOF法的径流时空序列插值策略

4.3.1 EOF和CEOF法的插值原理

基于经验正交函数的方法重建径流时间序列的出发点是一组目标流域的波幅函数正交集（afs）。波幅函数正交集可视作一组旋转后的新“时空坐标系”，某一k阶波幅函数及其权重函数代表该坐标系的一组基函数。任意ω_i上的原始观测序列$Q(t,\omega_i)$都可以通过此新定义的“时空坐标系”进行反算。而实际应用中，通常只截取此坐标系内的部分波幅函数（$K<M$），从而达到既保留原始数据时空方差-协方差（或相关系数）结构，又避免冗余信息的目的。已有研究表明，K的取值越大并非意味着插值效果的提升，K的确定应符合精简原则（Johnson等，2007；Gottschalk等，2015），即以最少的波幅函数（或称最快的收敛速度）达到对流域径流描述上的最大相对解释方差、较低的估计误差和最高的插值精度。因此，有必要探究不同阶afs对径流插值序列的方差贡献率。

为了便于统一比较和应用，本书将EOF和CEOF分析得到的afs分别进行标准化，使得不同方法不同阶的afs函数均满足均值为0、方差为1，记作$\psi'_k(t)$。相应地，$\psi'_k(t)$的权重函数记为$\beta'_k[\Omega(l)]$。根据Li等（2018），K个波幅函数，即$\{\psi'_1(t),\psi'_2(t),\cdots,\psi'_K(t)\}$，对于某一流域$\Omega(l)$径流序列相对解释方差的计算公式为

$$R_K^2=\sum_{k=1}^{K}\{\rho[Q(t,\Omega(l)),\psi'_k(t)]\}^2\quad(K\in 1,\cdots,M)\tag{4.15}$$

式中：$\Omega(l)$为该流域上游与流域总出口站距离为l的目标集水区的面积。$\rho\{Q[t,\Omega(l)],\psi'_k(t)\}$为$Q[t,\Omega(l)]$和$\psi'_k(t)$之间的相关系数。

如果$\Omega(l)$对应于M个站点中的任意一个子流域，那么当$K=M$时，该地点的径流序列可以被完全恢复和重建，即$\lim\limits_{K\to M}R_K^2=1$。

根据Gottschalk等（2015）的推导公式，对应于新定义的波幅函数集$\psi'_k(t)$的权重函数$\beta'_k[\Omega(l)]$可由式（4.16）计算：

$$\begin{cases}\beta'_k[\Omega(l)]=\rho\{Q[t,\Omega(l)],\psi'_k(t)\}\sigma_Q & \text{中心化}\\ \beta'_k[\Omega(l)]=\rho\{Q[t,\Omega(l)],\psi'_k(t)\} & \text{标准化}\end{cases}\tag{4.16}$$

其中，中心化和标准化处理后的$X(t,\omega_i)$计算得到的$\beta'_k[\Omega(l)]$略有不同。其

中，采用标准化处理的 EOF/CEOF 分析得到的 $\beta'_k[\Omega(l)]$ 恰好等于相关系数 ρ。σ_Q 表示流域 $\Omega(l)$ 的径流标准差。

基于 EOF 和 CEOF 法的径流序列插值公式为（均适用于中心化和标准化；Li 等，2018）

$$Q[t,\Omega(l)] = m_Q + \sigma_Q \sum_{k=1}^{K} \{\rho[Q(t,\Omega(l)),\psi'_k(t)]\psi'_k(t)\} \quad (K = 1,2,\cdots,M) \tag{4.17}$$

式中：m_Q 为 $\Omega(l)$ 流域的多年平均径流值。

由式（4.17）可见，从应用角度上讲，解决基于 EOF/CEOF 法的时空插值问题可简化为两个独立的计算任务：①空间分布信息，即河网各点上的 m_Q、σ_Q 以及 $\rho\{Q[t,\Omega(l)],\psi'_k(t)\}$ 值（由已知站点的径流记录数据估算或采取空间插值）；②时间结构信息，即 $\psi'_k(t)$ (Gottschalk 等，2006，2011，2015)。

4.3.2　插值计算步骤

分别实施基于 EOF 和 CEOF 法的径流时空序列插值策略，并分析和比较中心化和标准化两种序列预处理对插值结果的影响。为了便于陈述，分别简记为 EOF（中心化）、EOF（标准化）、CEOF（中心化）以及 CEOF（标准化）。插值计算的流程简图如图 4.1 所示。最后，分别对所得的原始完整时空序列估计值和原始缺失序列的估计值进行验证和评估。

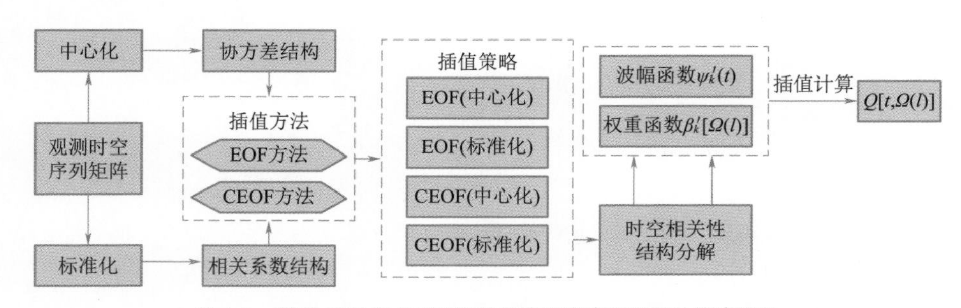

图 4.1　基于 EOF 和 CEOF 法的径流时空序列插值计算流程图

4.3.3　插值精度评估准则

1. 径流插值序列的整体评估

分别选取 *NSE* 效率系数、对数化的 Nash - Shuffle 效率系数（*NSElog*）

（Oudin 等，2006）和 Kling - Gupta 效率系数（KGE）（Gupta 等，2009）对流域各站点的径流序列进行整体评估：

$$NSElog = 1 - \frac{\sum_{t=1}^{n}[\ln(Q_{obs,t}) - \ln(Q_{esi,t})]^2}{\sum_{t=1}^{n}[\ln(Q_{obs,t}) - \ln(\overline{Q}_{obs,t})]^2} \tag{4.18}$$

$$KGE = 1 - \sqrt{(r-1)^2 + (\mu_{esi}/\mu_{obs} - 1)^2 + (\sigma_{esi}/\sigma_{obs} - 1)^2} \tag{4.19}$$

式中符号意义同前。

3 个效率系数的值越接近于 1，则插值效果越好。Oudin 等（2006）指出传统的 NSE 效率系数受流量峰值影响较大，不利于衡量序列中低水流量的估计精度，从而提出了对数化的效率系数 $NSElog \in (-\infty, 1]$ 作为评价指标；KGE 代表了 NSE 系数的分解形式，包含的 3 个部分依次是对估计序列相对于观测序列的 Pearson（1920）相关性、均值偏差（μ_{esi}/μ_{obs}）和相对变异性（$\sigma_{esi}/\sigma_{obs}$）的衡量。

2. 径流插值序列统计特征参数的评估

流域各站点径流时间估计序列统计特性的插值效果，以预测序列（esi）与原始观测序列（obs）之间统计特征参数（平均值、标准差、中位数、最小值和最大值）的相对偏差 $RE(\%)$（假设无偏基准为 100%）作为评估准则：

$$RE(\%) = 100\% + \left(\frac{\Theta_{esi} - \Theta_{obs}}{\Theta_{obs}}\right) \times 100\% \tag{4.20}$$

式中：Θ 为上述统计参数的通用符号。

4.4 实例分析

4.4.1 径流时空序列的 EOF 和 CEOF 分解

定义赣江流域和汉江流域各自的出口站（即外洲和仙桃）控制的流域范围为研究区的空间域 Ω。根据各流域内测站的径流资料情况，划分 Ω 分别为 23 个（赣江流域）和 8 个（汉江流域）去嵌套集水区（即表 2.3 中无星号标记）。针对 CEOF 法，选取各流域总出口站作为参证站，此选择既考虑到出口站流量系列与流域内其他大多数测站的流量高度相关，也符合依据流域上下游流量强相关性的规律创建残余序列的基本特点。根据式（4.3），各流域的径流时空序列可分解为波幅函数 $\psi'_k(t)$ 及其 eof 权重函数。以第 1～4 阶波幅函数 $\psi'_k(t)$（af）为例，EOF（中心化）、EOF（标准化）、CEOF（中心化）以及 CEOF（标准化）分析的结果如图 4.2 所示。由图可知，第 1 阶 af 反映了月径流多年平均变化模式（注意：对于 CEOF 方法，第 1 阶 af 恰等于流域

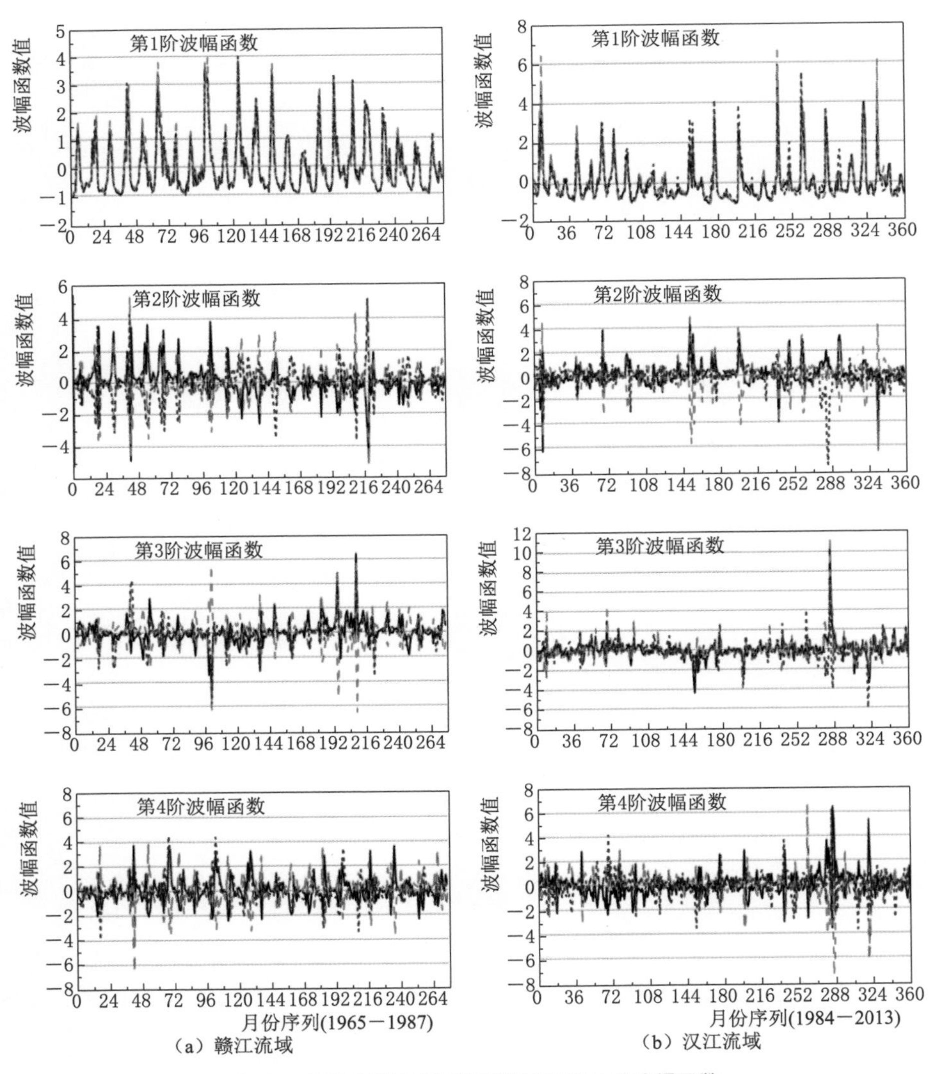

图 4.2 赣江流域和汉江流域确定的前 4 阶波幅函数

总出口站的流量序列），而第 2 至更高阶 af 则代表偏离于第 1 阶 af 的不同变化模式（Krasovskaia 等，1999）。Gottschalk 等（2015）解释并证明此偏离程度与数据预处理有一定关系：采用中心化，流域某些大集水区的高流量可能导致较大的偏离程度；而采用标准化，则不受各集水区流量大小的影响。

图 4.3 分析了赣江和汉江流域的前 4 阶 afs 的月平均变化模式。对于赣江流域，所有 EOF/CEOF 分析所得的第 1 阶 af 反映了类似的月径流变化规律，呈现在夏季月份高流量、枯水季低流量的单凸曲线。采用中心化时，EOF 和 CEOF 法得到的 afs 的月变化模式差别不大。第 2 阶 af 主要以 7 月的显著流量峰值为特征，第 3 阶 af 月模式变化受 4 月峰值主导，第 4 阶 af 值呈现 2—6 月期间负值、其余月份正值的交替现象。此波幅函数 afs 的结果将会对径流变化模式产生不同的效应。例如，与第 2 阶 af 正相关的集水区的流量序列 $Q[t, \Omega(l)]$ 将会呈现迟来的年内流量峰值，否则会表现为峰值时间提前。对于第 3 阶 af，正相关将会导致早春的流量增加，反之亦然。对于第 4 阶 af 函数，如果相关系数为负，则与前半年相对高的流量有关，反之亦然。

当使用标准化时，第 2 阶 af 以 4 月和 7 月双峰高流量为主导，当与第 2 阶 af 负相关的情况下，某待估地点的年内流量峰值将不那么明显，而对于正相关，峰值将会更高。从第 3 阶 af 开始，EOF 和 CEOF 法的结果出现明显差别。对于前者，第 3 阶 af 以 4 月负谷值、6 月正峰值为特点，这将导致与该 af 负相关的流量站点的年内高流量峰现时间提早，反之若为正相关，则意味着较晚来的高流量，而后者的结果恰恰相反。尽管二者的第 4 阶 af 均呈现正峰值出现较早、负谷值迟来的特点，但对比而言，CEOF（标准化）的结果存在明显的滞后期。

对于汉江流域，除 EOF（中心化）得到的第 1 阶 af 在 8 月呈现谷值，其余分析方法均反映了冬季枯水、夏季丰水的径流模式，更高的 afs 则表现为多种不同的正负相位变化形式，同样可参照图 4.3（a）的思路，分析其对径流变化模式的不同效应。

全部波幅函数在流域各地点的权重函数值可由式（4.16）计算。以 CEOF（中心化）的结果为例，上述分析的前 4 阶 afs 的权重函数在赣江和汉江流域站点处的值分别如图 4.4 所示。

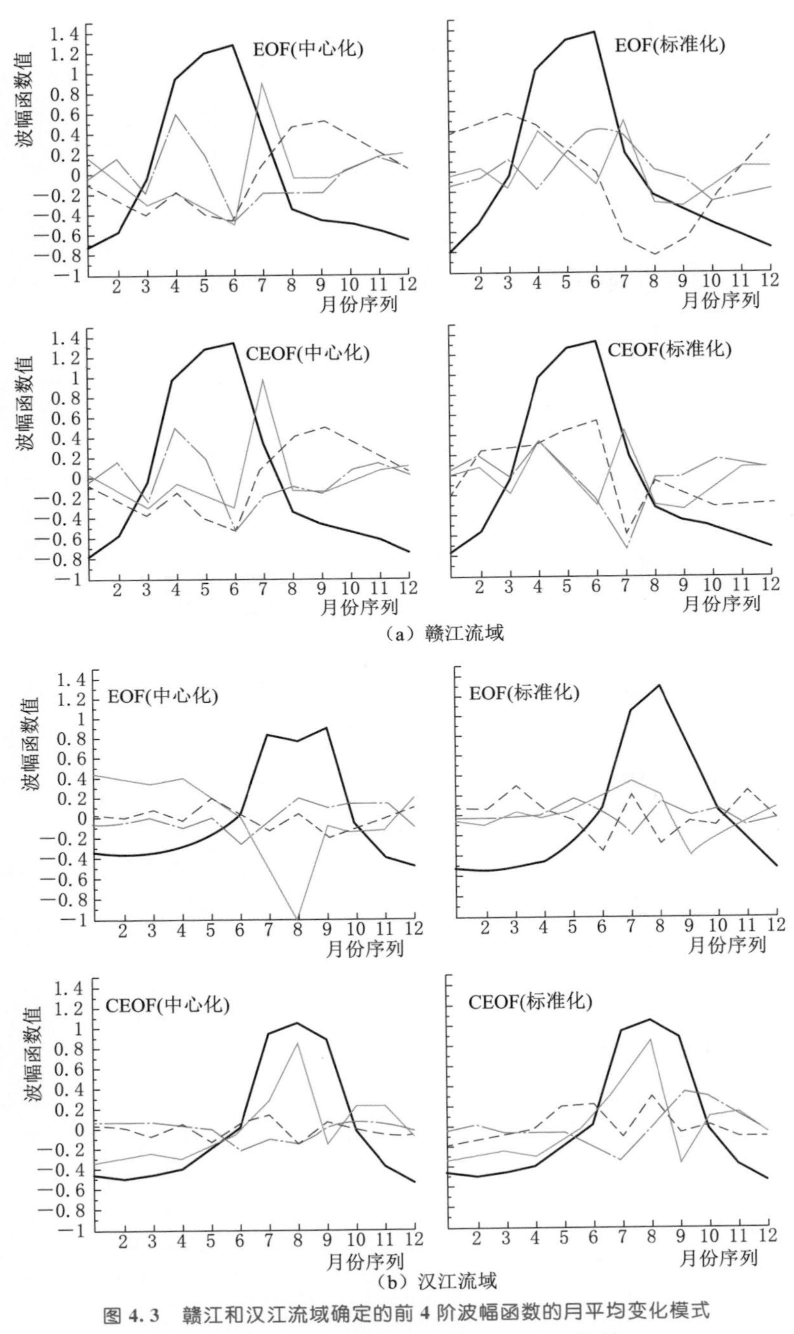

图 4.3 赣江和汉江流域确定的前 4 阶波幅函数的月平均变化模式

第1阶 第2阶 第3阶 第4阶

由图 4.4 可见，第 1 阶权重函数值沿河网的下游方向呈增大趋势，较小值常出现在源头站，尤其是在海拔较高的山区。随着 afs 阶数的不断增加，其权重沿河网结构变化的模式愈加复杂。但由于 afs 的正交性，权重函数值在各流域出口站的位置将始终为零，推导如下：

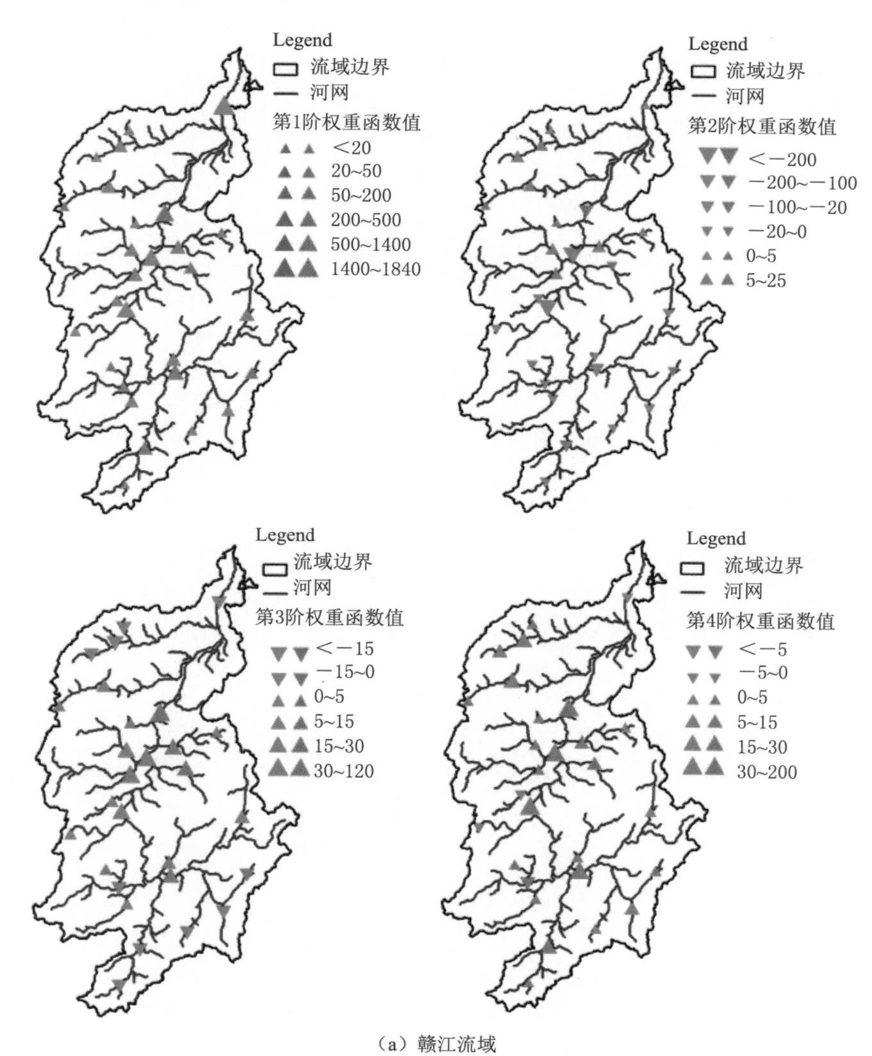

（a）赣江流域

图 4.4（一） 由 CEOF（中心化）确定的第 1、2、3 和 4 阶波幅函数在赣江和汉江流域测站（红色三角形标识有完整径流记录的测站；绿色三角形区分含有缺失数据的测站）的权重函数值的空间变化。向上（向下）三角形代表正（负）值，尺寸反映了绝对值的大小

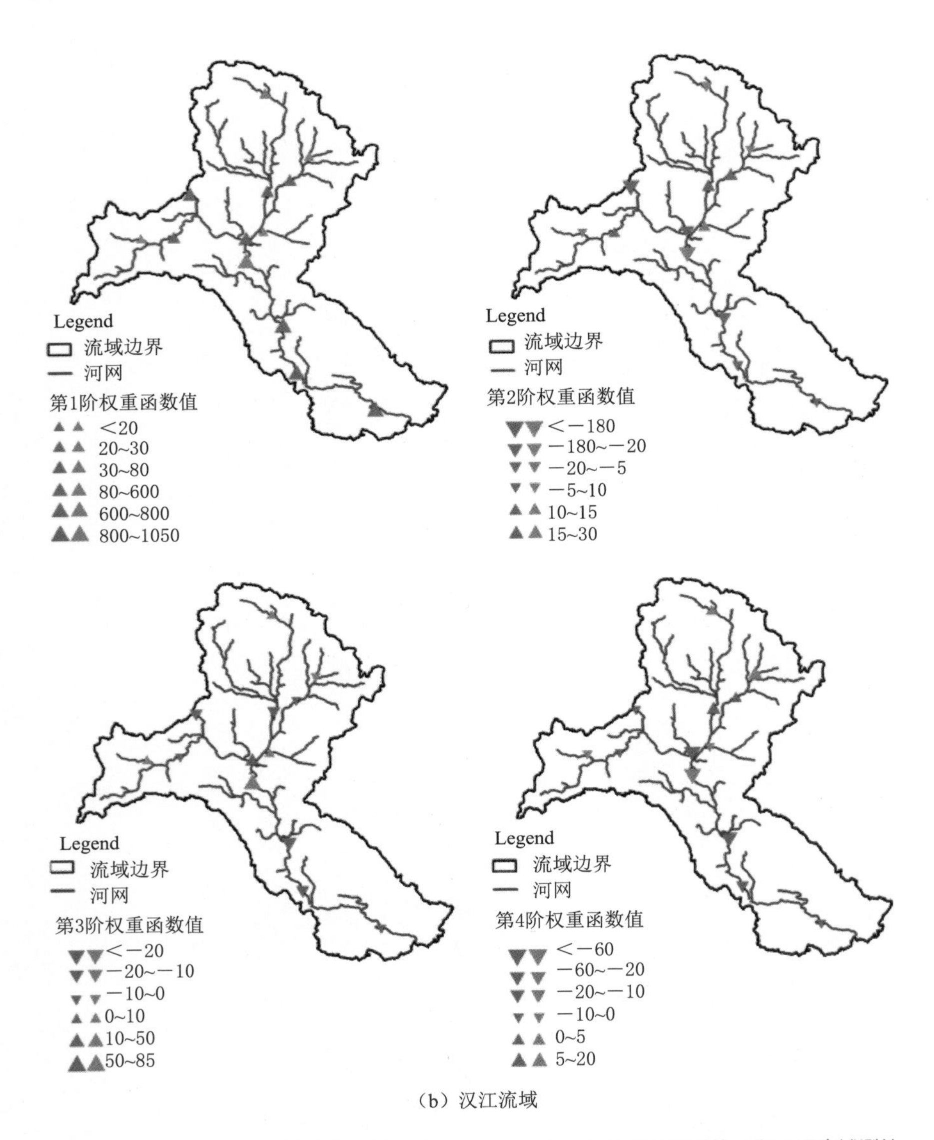

（b）汉江流域

图 4.4（二） 由 CEOF（中心化）确定的第 1、2、3 和 4 阶波幅函数在赣江和汉江流域测站（红色三角形标识有完整径流记录的测站；绿色三角形区分含有缺失数据的测站）的权重函数值的空间变化。向上（向下）三角形代表正（负）值，尺寸反映了绝对值的大小

$$\beta'_k[\Omega(l=0)] = \rho\{Q[t,\Omega(l=0)],\psi'_k(t)\} = \rho[\psi'_1(t),\psi'_k(t)] = 0 \quad (k \neq 1) \tag{4.21}$$

4.4.2 EOF和CEOF法在径流时空域的方差解释能力分析

利用式（4.15），分析了不同数目的波幅函数在各流域站点的相对解释方差，并统计其方差贡献率的平均值、中位数、最小值和最大值来研究各站点的解释方差达到100%的收敛速度，结果如图4.5所示。

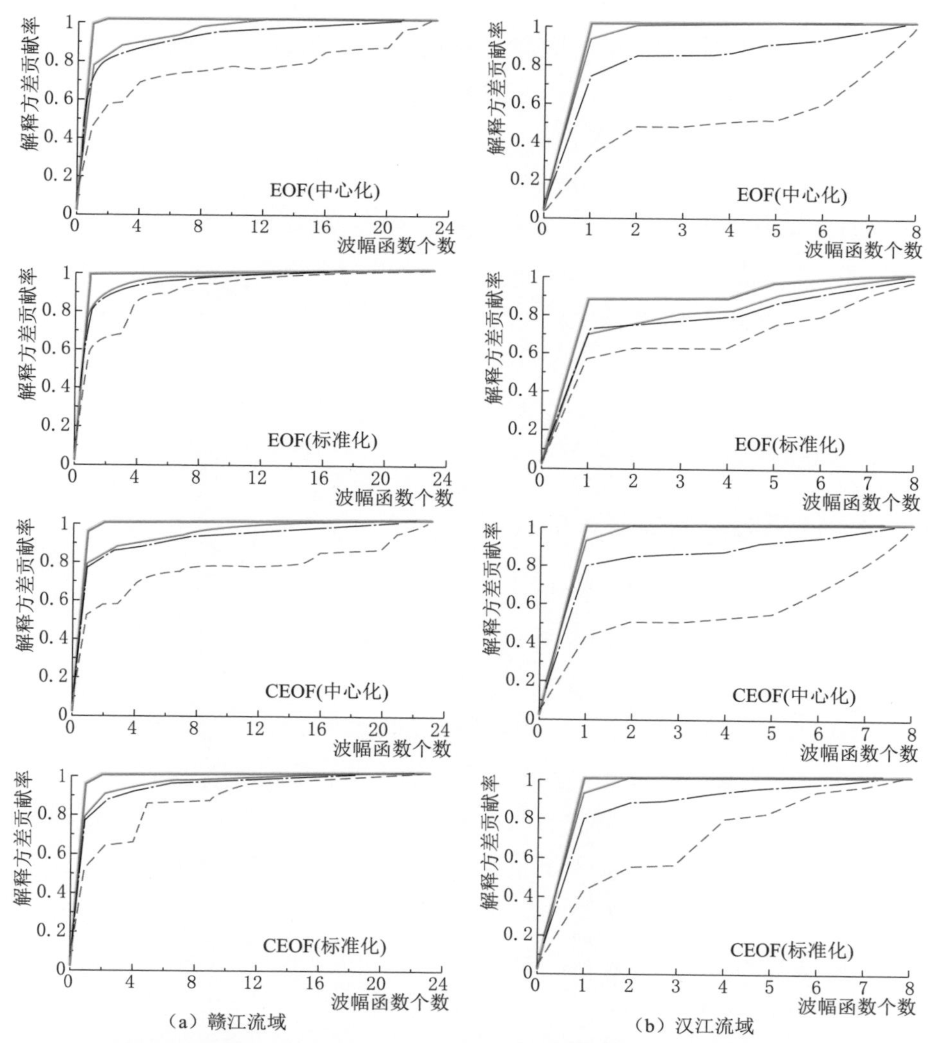

图4.5 不同数目的波幅函数在各流域站点的解释方差贡献率的平均值、中位数、最小值和最大值

由图 4.5 可见，除了个别的站点控制的大集水区（如赣江流域的吉安站），EOF 或 CEOF 方法结合标准化处理总体上要优于中心化的结果：解释方差贡献率更大且收敛速度更快。例如，赣江流域的 23 个站点中大约有 20 个能在至多使用 4 个波幅函数的情况下，提供接近或超过 90%的解释方差贡献率。相比较而言，汉江流域的收敛速度则偏慢，至少要使用 5～6 个波幅函数才能使得一半以上的站点达到 0.9 以上的解释方差。这是由于该流域用于分析径流时空变异结构的原始数据相对较少，想要准确地描述流域径流在时间、空间的全部变化模式往往要依赖于“时空坐标系”里更多的基函数（即 afs 函数及其权重函数）。值得注意的是，几种 EOF 和 CEOF 分析带来的明显差异主要体现在最小解释方差贡献率的结果上。该结果主要出现于小集水区源头站，比如赣江流域的滁州站和汉江流域的谷城站。造成此现象的原因是这些站点的径流变化模式相较于流域内的其他站点显著不同，如径流变异系数等（参见表 2.3），而且由于控制流域面积小，当采用中心化处理时，此站点径流变化模式的方差占总流域的方差比例会很低，即定义此时空结构的基函数的作用也会相对弱化（Gottschalk 等，2015）。但是，标准化处理可以令所有站点保持相同的径流时间方差，因而使得此类小流域站点的解释方差贡献率和收敛速度相较于中心化时会有所提高。

4.4.3　径流时空插值序列的检验

1. *原始完整观测序列的重建*

图 4.6 和图 4.7 展示了当分别采用 1～4 个前 4 阶波幅函数重建时空序列时，赣江流域 23 个站点和汉江流域 8 个站点的径流估计序列的 *NSE*、*NSElog* 和 *KGE* 效率系数值。结果表明，效率系数在越靠近下游汇流方向上的站点收敛速度越快，最快发生于流域干流的主河道上（如吉安、栋背、皇庄等），只需 1～2 个波幅函数就能达到高于 0.9 的值。然而在某些小集水区源头站（如滁州、杜头、谷城、新店铺等），其值往往增长缓慢。这可能是因为这些源头站都位于高海拔地区，不属于常流河流域，径流变化情势受到低温的影响，多个月份常呈现极端枯水流量甚至断流的特征。与其他大面积集水区相比，因为没有额外的上游径流信息可以被访问，这种来自于个别小源头站的不规律径流变化模式的信息可能更容易被埋没。据此可推测，较少的波幅函数不足以准确地捕捉到这些小源头站的径流变化特征。

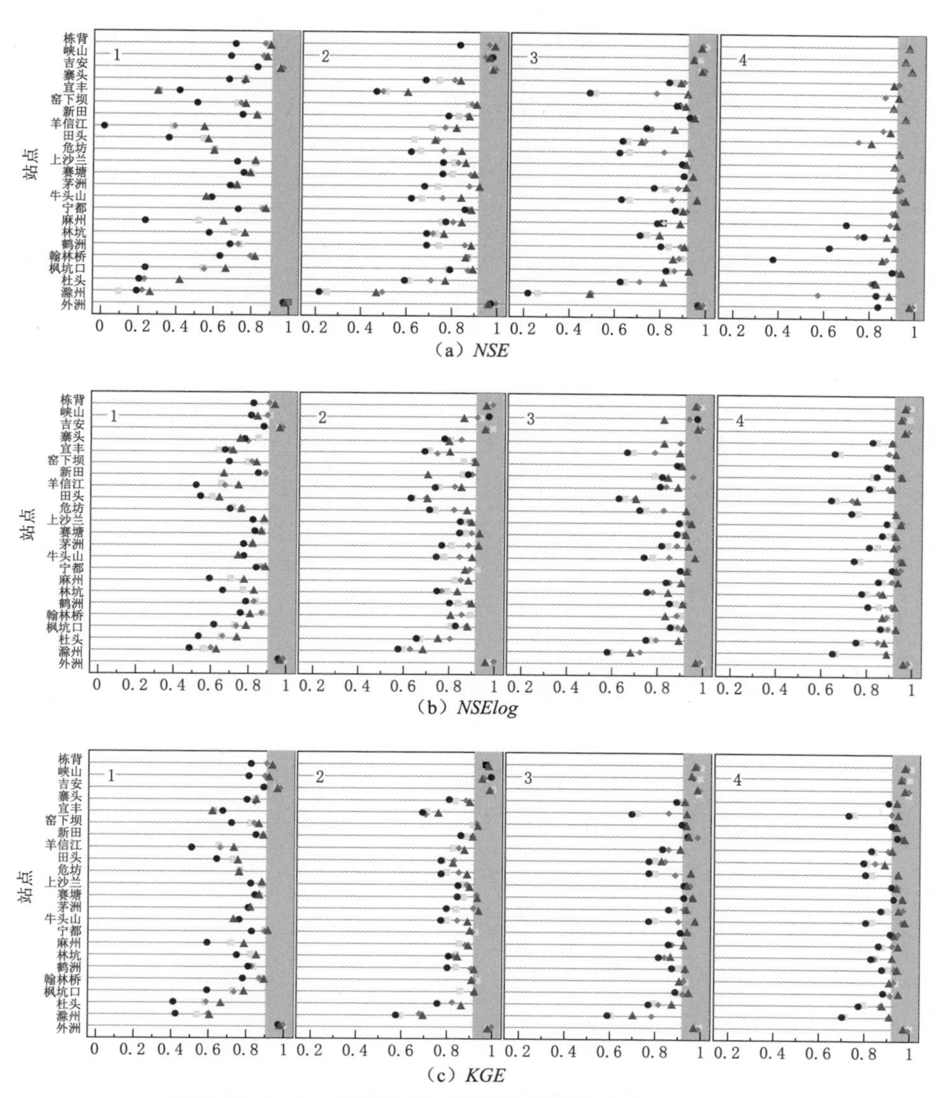

图 4.6 赣江流域 23 个测站完整流量序列的重建效果检验（分别采用 1～4 个波幅函数；蓝色阴影区代表超过 0.9 的范围）

● EOF(中心化) ▲ EOF(标准化) ■ CEOF(中心化) ◆ CEOF(标准化)

图 4.6 中，标准化预处理（红色或绿色标识）往往能够以较快的收敛速度（1～4 个 afs 函数）达到优于中心化处理的结果，即除了个别站点（如滁州、杜头）以外，更多的站点显示出更高的 *NSE*、*NSElog* 或 *KGE* 值。进一

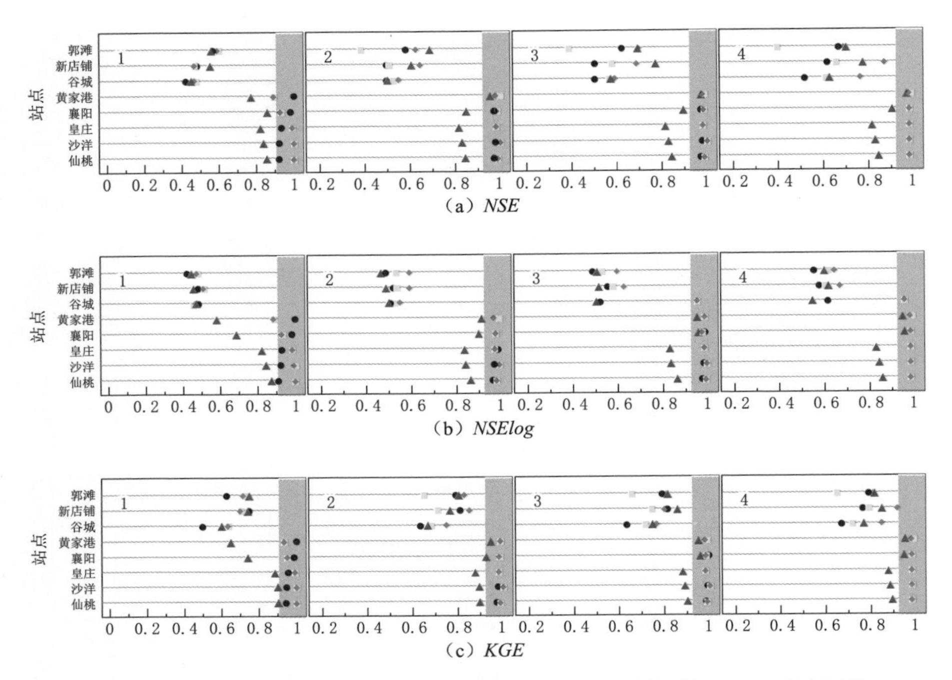

图 4.7　汉江流域 8 个测站完整流量序列的重建效果检验（分别采用 1～4 个波幅函数；蓝色阴影区代表 *NSE* 和 *KGE* 值超过 0.9 的范围）

● EOF(中心化)　▲ EOF(标准化)　■ CEOF(中心化)　◆ CEOF(标准化)

步比较当采用 4 个 afs 函数时 EOF（标准化）和 CEOF（标准化）的结果可发现，滁州站的 *NSE* 值出现明显的差别（差距大于 0.1）。在该站，前一分析给出了更高的 *NSE* 值，但 CEOF（标准化）呈现的一定优势是，在更多的流域站点取得了更高的插值效果，即 57%（对于 *NSE* 和 *NSElog*）和 61%的站点比例（对于 *KGE*）。

图 4.7 中，CEOF（标准化）相较于其他插值策略所表现出的优势则更为明显，除了上游源头站点（谷城、新店铺和郭滩），其他站点均能以较快的速度收敛于接近或超 0.9 的效率系数。

图 4.8 显示了当分别采用 1～4 个波幅函数时，赣江流域 23 个和汉江流域 8 个流量估计序列的 5 种统计参数的相对误差箱线图。

由图 4.8 知，总体上，EOF（标准化）和 CEOF（标准化）都能够重建接近 100%无偏基准的统计参数数据，后者的结果略优于前者。其中，平均值

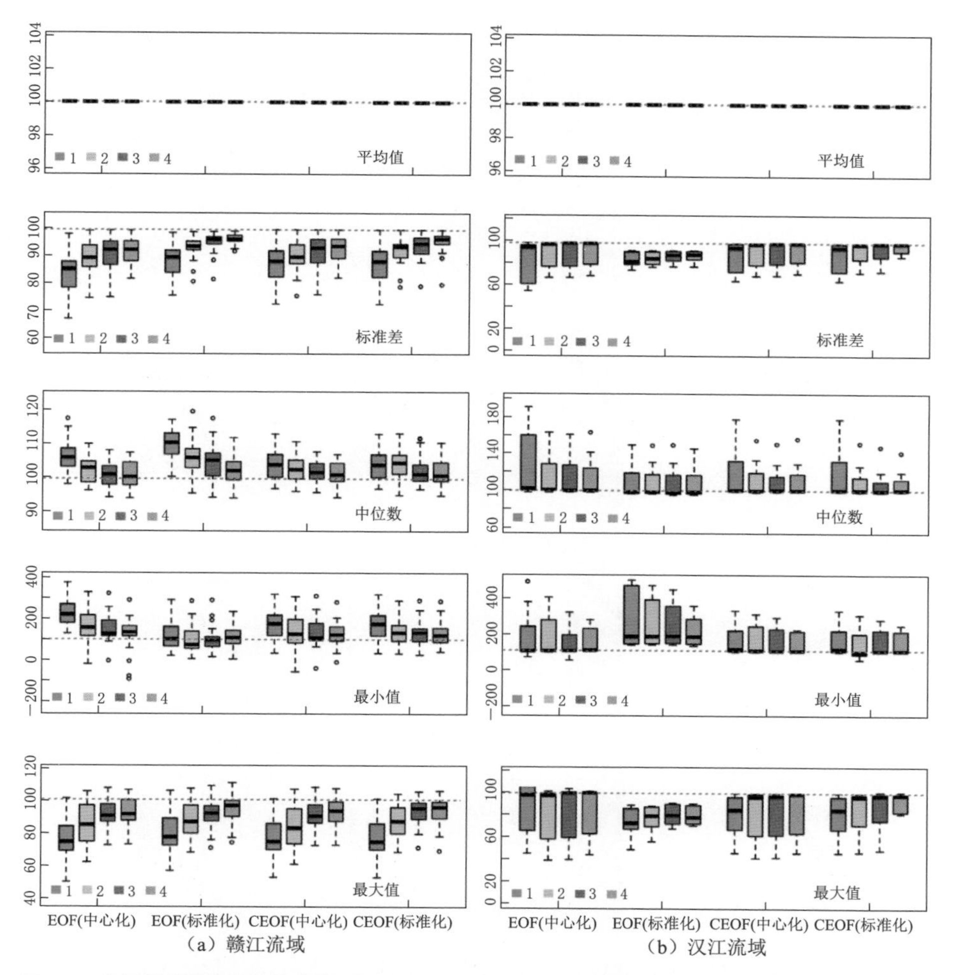

图 4.8 各流域重建的完整径流序列的统计参数（平均值、标准差、中位数、最小值、最大值）的相对误差（%）的箱线图（分别采用 1～4 个波幅函数，以红、黄、粉、青色区别）

的重建完全没有偏差，这本质上取决于式（4.17）的数学性质。而中位数和标准差分别呈现偏高和偏低的估计，但是当使用 4 个 afs 函数时，大部分的误差可以控制在 ±10% 范围内。这个结果间接地反映在极端流量的重建中，最小（最大）值的估计确实显示了严重的过高估计（低估）。这个问题在个别源头站更为突出，尤其是对最小值的估计，然而对于大面积集水区的站点，结果则仍然很好（相对误差小：可控制在 ±3% 范围；收敛速度高：仅使用 1～

2 个 afs 函数）。通常认为，流量序列的谷值和峰值变化更不稳定，在不同站点位置的变化模式不尽相同，因此很容易导致极端值的预测不太准确（Gottschalk 等，2015）。对比两个流域的结果可以发现，汉江流域的流量序列统计参数的估计值普遍相对误差更大，这是因为用于建立“时空坐标系”的原始径流数据相对较少，因而对原径流变化模式恢复重建的精度相对较低。

图 4.9 列举说明了当利用上述识别的两个最优方法：EOF（标准化）和

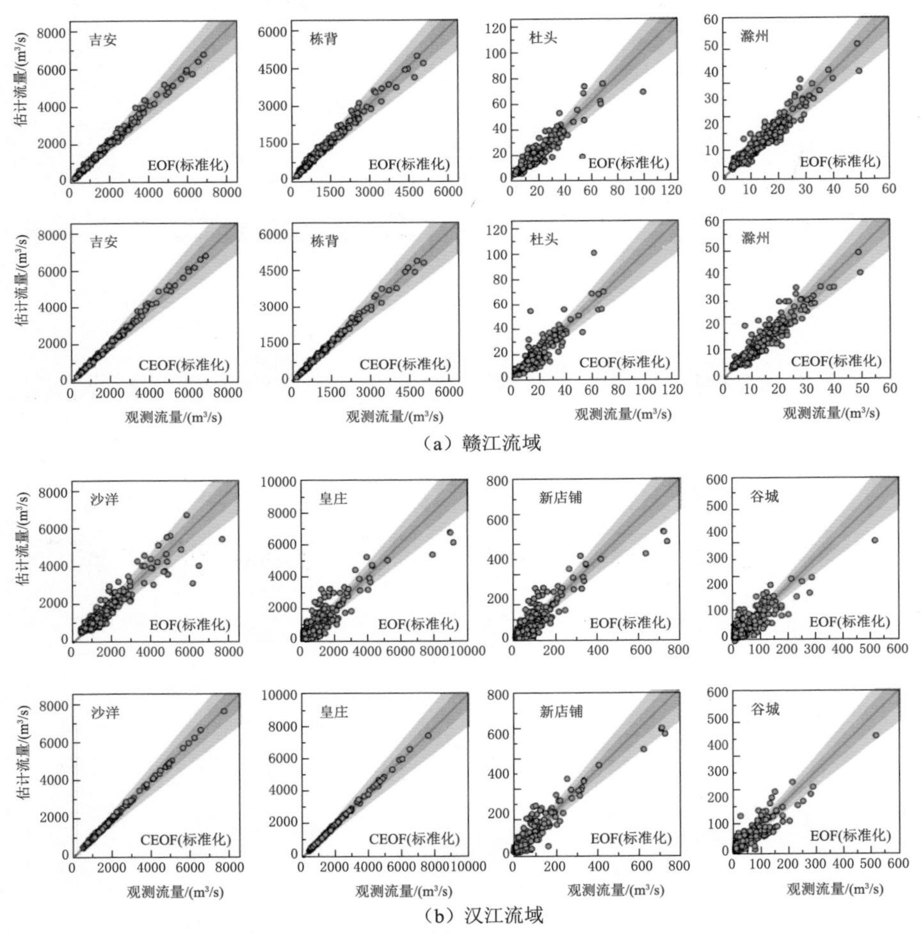

图 4.9　当采用 EOF（标准化）和 CEOF（标准化）分析所得的 4 个波幅函数时，赣江流域（吉安、栋背、杜头、滁州站）和汉江流域（沙洋、皇庄、新店铺、谷城站）的流量估计序列和观测序列的散点对比图（阴影区域表明了相对原始观测值的±10%和±20%的相对误差范围；1∶1 红线为零误差参考线）

CEOF（标准化）计算所得的 4 个 afs 函数时，两个流域径流预测序列与观测序列的对比图。

2. 原始缺失序列的插值

将 23 个完整径流记录获得的 afs 应用于公式（4.17），并代入流量序列长期平均值和标准差的估计值（表 2.3）作为输入，赣江（即瑞金、安和、芦溪、峡江、木口，共 5 个站）和汉江（即白土岗、社旗、余家湖、青峰、琚湾，共 5 个站）流域的径流缺失数据均可以用插值得到。

图 4.10 汇总了当采用 1～6 个波幅函数时，不同分析方法得到的赣江流域的 *NSE*、*NSElog* 和 *KGE* 插值效率系数值。结果表明，波幅函数使用数量的增加并不一定意味着插补精度的提高，因为可能会导致无关的时间波动模式掺杂其中。其中一个典型的例子是木口站，其最高效率值（约 0.85）对应

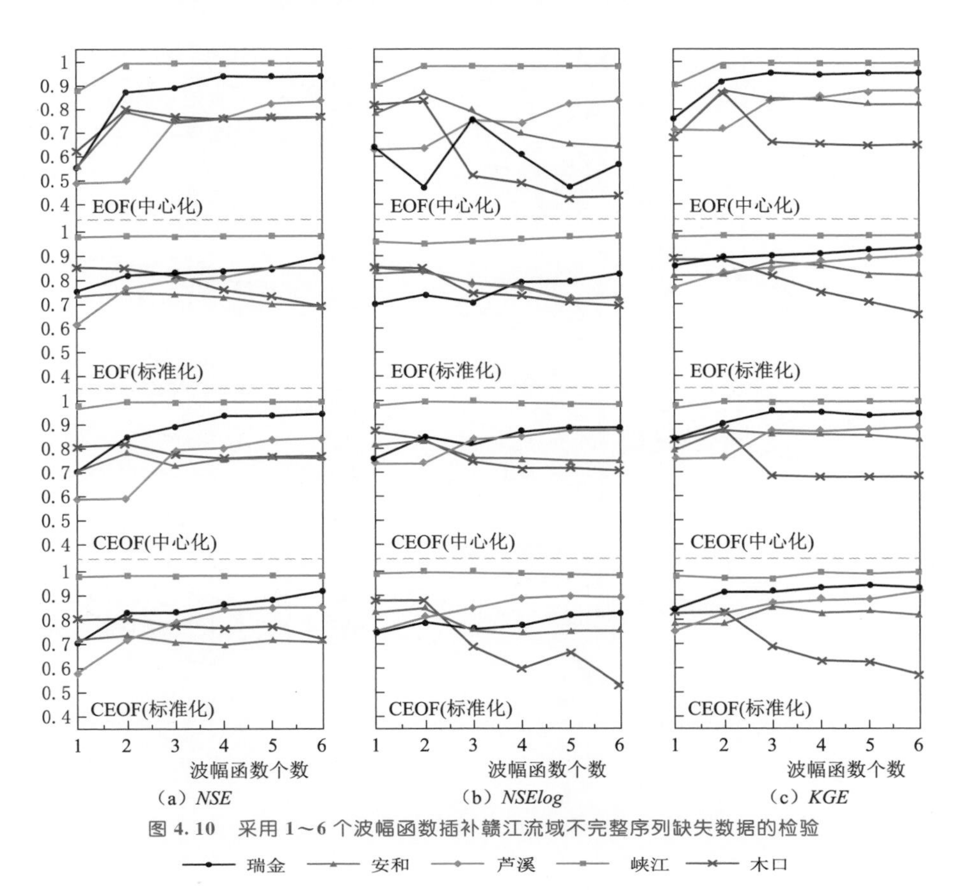

(a) *NSE*　(b) *NSElog*　(c) *KGE*

图 4.10 采用 1～6 个波幅函数插补赣江流域不完整序列缺失数据的检验

于采用两个 afs 进行计算时，若使用更多的 afs，则插值精度反而降低。在大集水嵌套区的峡江站，仅采用一个 af 就可以高效准确地实现非常好的插补效果，其估计序列与已有的观测记录几乎完全相同：除了 EOF（中心化）的结果，全部效率系数均在 0.95 以上。当使用 4 个 afs 时，小集水非嵌套区的源头站（如瑞金和芦溪站）也能分别快速地收敛到大约 0.9（*NSE*）、0.8（*NSElog*）和 0.87（*KGE*）。而安和站呈现稍次的结果，其最优结果是使用两个 afs 时，能达到约为 0.8 的效率系数。

图 4.11 展示了当采用 1～6 个波幅函数时，不同分析方法得到的汉江流域的 *NSE*、*NSElog* 和 *KGE* 插值效率系数值。类似于图 4.10 的结果，波幅函数的使用并非越多越好。其中，在大集水嵌套区的余家湖站，无论采用哪种分析方法，仅使用 1～2 个 afs 都可以达到接近或超 0.9 的效率系数。当使

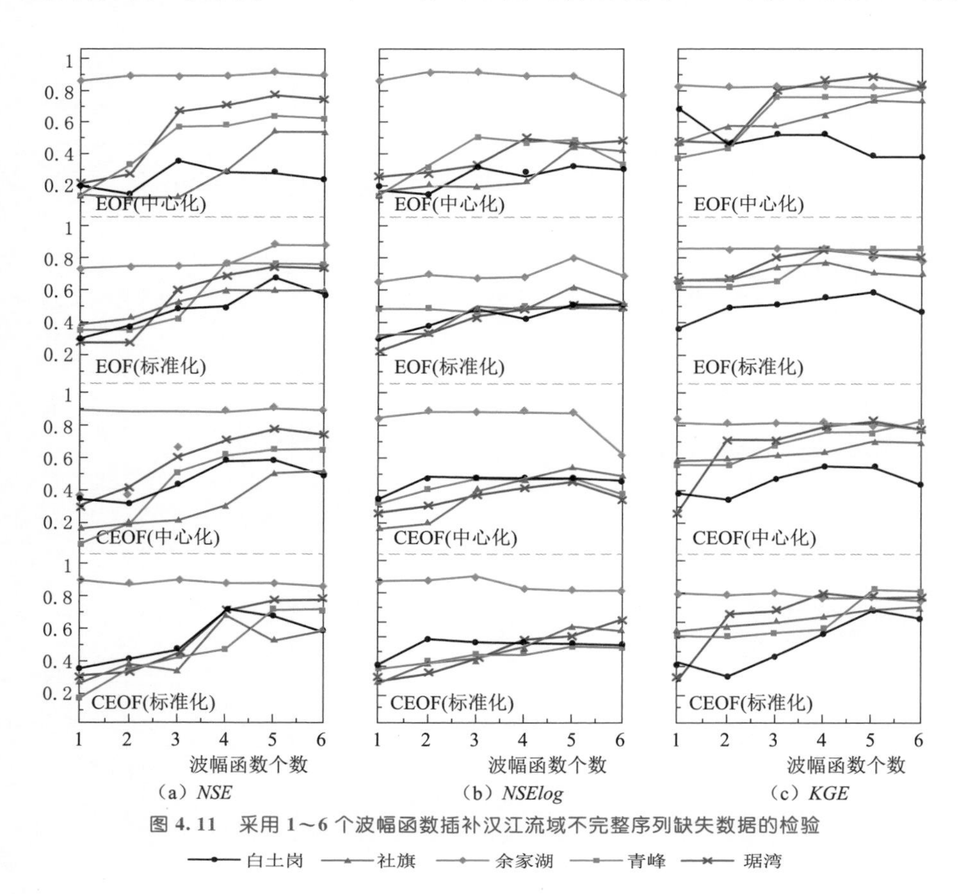

图 4.11　采用 1～6 个波幅函数插补汉江流域不完整序列缺失数据的检验

用 4～6 个 afs 时，小集水非嵌套区的源头站（如青峰、琚湾站），也能分别收敛于 0.7～0.9 之间的效率系数范围内。最差的结果出现在白土岗站，这是由于获取的波幅函数组对描述该地区的径流变化模式的代表性较弱。对比赣江和汉江流域的结果可以发现，除控制大集水面积区的站点以外，汉江流域内源头站点的插值效果普遍不如赣江流域的结果理想。同上述分析原因，有限的用于定义“时空坐标系”的 afs 函数及其权重函数不足以较好地实现对小流域复杂多变的径流模式的插值。

分别计算各流域缺失数据测站获取的最优径流插值序列的统计特征参数（平均值、标准差、中位数、最小值和最大值），并进一步分析其相对于原始已有数据记录的相对误差 *REs*（%）。研究发现，在赣江流域这 5 个站点中，除了最小值之外的所有统计参数值都能落在误差范围 20%以内，并且收敛速度适当（使用不超过 4 个 afs）。最小值的较大误差出现在瑞金、芦溪、峡江和木口站。为此，CEOF 方法相对 EOF 法显示了一定的优势，它能提供偏离 100%基准 3%～50%的更小误差，但是此优势仍然无法令瑞金和芦溪站的枯水估计值达到很高精度。CEOF 方法在峡江站表现出了更高效地收敛于无偏估计的插值效果，即 *REs* 在 ±10% 范围内，并且只通过一个 af 即可实现。而在此相同插值条件下，EOF 方法所需的 afs 则略多（2～3 个）。在峡江这样的大面积集水区测站点，中心化和标准化的序列预处理的影响几乎可以忽略不计，其插值结果几乎一样好。在小集水区源头站（瑞金、芦溪，以及木口），CEOF 法配合使用标准化序列处理会优于采用中心化。

类似的情况在汉江流域 5 个站点的结果中也有所体现。余家湖站插值序列的统计参数相对误差可以仅通过 1～2 个 afs 就控制在 ±15% 范围内，各个 EOF 或 CEOF 分析方法之间的差异并不明显。然而对于小流域站点，特别是白土岗站，CEOF（标准化）则呈现一定优势，它能以稍快的收敛速度（3～5 个 afs）控制平均值、标准差、中位数和最大值的 *REs* 在 ±25% 范围内，尽管对于最小值的相对误差仍然偏大（$RE>50\%$），但是在所有的分析方法中，其结果依然是最好的。

图 4.12 选取上述分析出的最优方法——CEOF（标准化）为例，描绘了两个流域 5 个缺失数据测站各自最优的插值序列与原始已有观测记录的对比图，以便直观地比较各测站的插值结果。

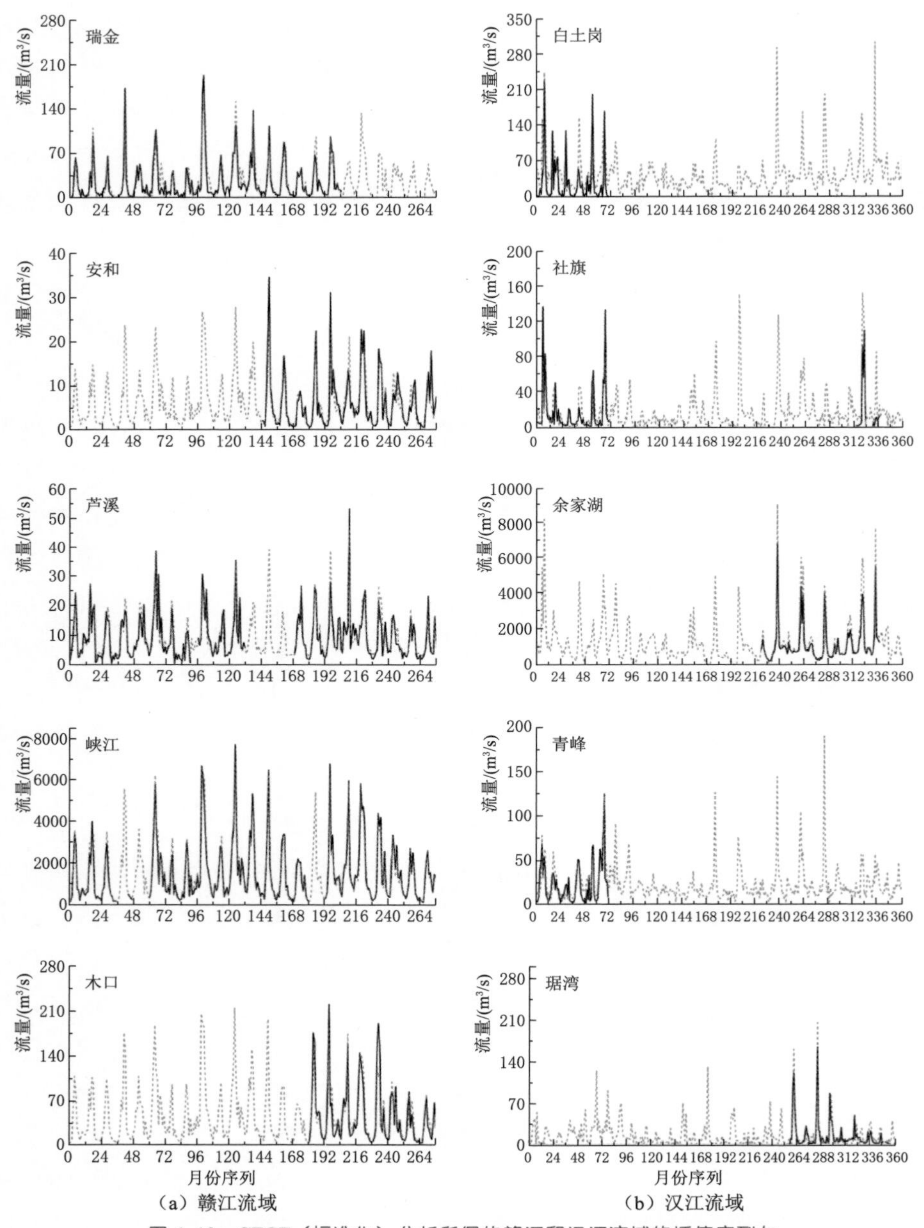

图 4.12 CEOF（标准化）分析所得的赣江和汉江流域的插值序列与原始已有观测序列在 5 个缺失数据站点的对比图

—— 观测序列 ······ 估计序列

4.5 本章小结

本章从随机统计学的多维变量 Karhunen－Loève 分解扩展理论出发，以传统的经验正交函数法（EOF）为主要研究工具，开拓其在水文科学领域内针对径流时空序列插值方面的应用价值。EOF 理论的插值法是建立于对变量随机场沿河网时空相关性结构的整体分析，能够较好地避免基于 Kriging 模型的插值法仅包含局部时空信息的不足之处。

基于传统 EOF 原理，本章提出了一种适应于径流要素特征的插值新方法，称为条件经验正交函数方法（CEOF）。CEOF 方法限定 EOF 分解展开式以目标流域出口站（或任意其他参证站）的径流序列为条件，通过消除各已知观测径流序列与该参证站径流序列的相关性来创建一组（去相关）残余序列，以此重新定义波幅函数（主成分）。一方面，残余序列的创建有利于减少整个流域中重复性的时空相关结构信息对波幅函数识别各种径流变化模式的干扰作用；另一方面，该法旨在更明确地解释各无量纲波幅函数的水文物理意义，以期在不依赖于额外协变量测量数据（如降水、土地覆盖）和基于随机变量场整体时空相关性结构的情况下，增强 CEOF 方法复现流域内各种径流变化模式的能力。

将 EOF 和 CEOF 法应用于我国赣江和汉江两个流域，分别评估了中心化和标准化这两种序列预处理方法对确定波幅函数的影响。分析了采取不同数目主成分在重建观测径流序列中的收敛性及其与待测站点特性的联系。结果表明，CEOF 法仅通过 1～4 个波幅函数就能有效地恢复流域大部分站点的原始径流记录；其插值精度在大流域集水嵌套区比在源头区更高，并且在配合采用标准化序列预处理时，通常比 EOF 方法表现出更多优势，特别是对提高枯水流量值的插值精度有一定助益。对比两个流域的插值结果发现，基于 EOF 或 CEOF 法的径流序列插值效果可能会受到站点的水文情势变化、站点的空间位置和地理分布情况，以及原始数据缺失程度等的影响。

第5章

主要成果与展望

5.1 主要成果

径流资料连续且完整是保障水文科学研究和实际应用可靠性的重要基石。然而，水利工作者普遍面临的一个困境是，记录断档、数据缺失、实测资料稀少或空白。插值作为一种填补数据的有效手段，具有重要的研究价值和现实意义。现有的方法大多集中于解决某一物理量在单一维度（空间或时间域）内的插值问题，而针对二维时-空域的插值方法的研究尚不深入。其中，传统上基于随机水文理论的插值方法往往忽视了径流要素独特的时空分布特性，从而造成其难以较好地在水文科学领域内发挥插值优势。本书从基于实测数据驱动型的随机水文理论的角度，介绍了流域径流数据随机时空插值方法，主要内容包括：考虑河网径流时空相关性的 Kriging 插值法；结合河网水量平衡约束条件的 Kriging 水文随机插值法；基于经验正交函数分解原理的径流插值法。

以传统地统计学中的 Kriging 插值理论为背景，以普通 Kriging 模型为工具，分别建立了基于一维空间相关和二维时空相关的两个插值模型，即 S _ OK 和 ST _ OK。在此基础上考虑河网拓扑结构的影响，建立了两种 Top - Kriging 模型，即 S _ TOPK 和 ST _ TOPK，并探讨了基于这 4 种 Kriging 模型的径流时空序列插值策略的效果。

依据水文随机方法（Hydro - stochastic approach）的插值理论，分别针对普通 Kriging 和 Top - Kriging 模型，重新建立了包含河网水量平衡约束条件的插值方程组。在分析基于空间相关（即 S _ OK _ WB 和 S _ TOPK _ WB）的 Kriging 水文随机模型的基础上，提出了基于时空相关（即 ST _ OK _ WB 和 ST _ TOPK _ WB）的两种 Kriging 水文随机模型。其中，ST _ TOPK _ WB 水文随机模型不仅能描述时空相关结构，而且同时考虑了河网拓扑结构影响和河网水量平衡关系。

从考虑河网整体时空相关性影响的角度，以基于多维变量 Karhunen - Loève 分解扩展理论的经验正交函数（EOF）为插值方法，提出一种基于传统 EOF 原理并反映径流要素整体时空分布特征的条件经验正交函数方法（CEOF)。该方法限定 EOF 分解展开式以目标流域出口站（或任意其他参证站）的径流序列为条件，通过消除各已知观测径流序列与该参证站径流序列之间的相关性来创建一组（去相关）残差序列，以此重新定义波幅函数，旨在更明确地解释各无量纲波幅函数值的水文物理意义，从而增强其对流域内各种径流变化模式插值的能力。研究 EOF 和 CEOF 法分别结合中心化和标准化这两种序列预处理对推导波幅函数的影响，进而评估这 4 种插值策略的性能优劣。

将上述插值方法在我国赣江和汉江开展实例应用，主要结论如下：

（1）ST _ TOPK 模型在两个研究流域的整体插值表现均最优：能在 80% 以上的站点取得较高的插值效率、较低的序列估计误差以及较小的序列统计参数偏差，其次为 S _ TOPK 法。此二者间插值精度的差异通常较小，但均明显优于 S _ OK 和 ST _ OK 模型。这说明与考虑时间相关结构的影响相比，准确地量化径流的空间相关性则更为重要。较大子流域站点的插值精度普遍高于小子流域站点，然而在观测样本容量有限的情况下，引入可量化二维时-空域相关结构的 ST _ TOPK 模型将可能提高小流域的插值效果。

（2）同时考虑河网拓扑结构影响和河网水量平衡关系的 S _ TOPK _ WB 和 ST _ TOPK _ WB 模型，与基于普通 Kriging 的水文随机模型 S _ OK _ WB 和 ST _ OK _ WB 相比，均能取得更好的插值效果，尤其是在流域站网空间分布均匀且相对稠密的大尺度流域上。其中，ST _ TOPK _ WB 表现最优，特别是提升了对流域上游区源头站点最小径流值的预测能力，但也有个别结果适得其反。研究还发现，与考虑河网拓扑结构影响相比，水量平衡约束条件对改善插值精度起到了更大的积极作用。

（3）分析了采取不同数目波幅函数在重建观测径流序列中的插值收敛性及其与待测站点特性的联系。结果表明，CEOF法仅通过1～4个波幅函数就能有效地恢复流域大部分站点的原径流数据记录；其插值精度在大流域集水嵌套区比在源头区更高，并且在配合使用标准化序列预处理时，通常比EOF方法表现更优，特别是对枯水流量估计值的改善。对比两个流域的插值结果发现，基于EOF或CEOF法的径流序列插值效果可能会受到站点的水文情势变化、站点的空间位置和地理分布情况，以及原始数据缺失程度等因素的影响。

5.2 讨论

5.2.1 插值精度的制约因素

（1）数据资料的质量。反映了插值策略中系统输入的不确定性大小，主要有三类：①实测数据自身特点。比如，已有数据记录对实际径流情势的代表性大小、缺失序列的长短、空间数据观测站网的分布特征和疏密程度等。站点极为稀疏且径流资料较短的流域本身就给最优插值模型的建立带来了极大挑战，造成其对水文过程中可能出现的极端丰、枯变化难以预测，估计结果的可靠性难以保障。②流域数字信息的空间分辨率，如河网结构的提取精度、流域各站点集水面积划分、插值栅格大小的设置。③外部辅助协变量信息的可获取性。除径流数据以外，其他外部因子往往也存在测量资料不完整，数据被人为“加工”过的情况，比如降雨资料的稀缺将影响流域水文模型的插值精度甚至直接导致此类方法的失效。

（2）插值模型的建立。反映了插值策略中系统的不确定性大小，主要包括两点：①插值理论方法的选择，主要体现于方法自身的限制，如研究区应用是否符合理论上的前提假设（如空间同质性、时间平稳性等）、模型结构与实际水文系统的匹配程度等。本书中，基于Kriging模型、水文随机方法和EOF/CEOF法的插值策略实质上属于线性随机插值方法，缺乏直接而明确的物理基础。研究发现，随机插值策略在径流模式变化异常且观测资料十分有限的流域，一般应用效果较差（Li等，2018）。②具体插值模型的优选，体现于模型估计的过程中（如模型最优参数的率定、估参优化算法的采纳等）。比如，本书中采用的插值效果评价指标 *NSE* 在一定程度上决定了极端枯水值会不如高水流量值的估计结果好，这是因为 *NSE* 本质上是寻求整体均化结果的高精度，受高水流量值的干扰，对低水流量的变化并不敏感（Oudin 等，2006）。因此，实践中应根据水文工作实际需求（如枯水频率分析、干旱预报），建立合适的插值模型，并针对插值序列的统计参数也进行精度分析。

（3）插值结果的提取。反映了插值策略中系统输出的不确定性，比如河段精度的设置（本书取 1km）与各子流域出口站位置的匹配度、对空间和时间插值结果输出的精度需求，出口站特性（集水面积、高程等）以及上述所有制约因素的综合影响效应。目前，已有方法拓展应用于小时、日以及年等其他时间尺度的径流预测与归因分析中（Reed 等，2004）。通常认为，径流插值效率会随着时间和空间精度的提高而降低（Skøien 等，2007）。此外，类似本书实例应用的结果，相关研究曾例证了小流域站点会受 Kriging 模型平滑效应的强烈影响从而导致流量估计偏差（Gottschalk 等，2006；Skøien 等，2006a）。

5.2.2 插值方法的应用潜力

（1）不确定性的预判能力。本书探讨的基于实测数据驱动型的随机水文插值策略，从数学方法的角度讲，属于随机性模型。随机性模型的特点在于既能描述水文现象的必然规律，又能反映其中的随机性（偶然性）变化。由于随机模型是建立在假设必然规律具有“相似性”的基础上，因此在缺乏物理成因机制的情况下，对于径流变化模式反差较大的站点，其插值不确定性往往会显著增大。然而，此类插值策略自身均具有预判模型插值不确定性的能力，能为反映插值方法性能、指导实践提供重要的参考指标（Li 等，2018），具体表现为：对基于 Kriging 模型插值方法定量误差的先验估计（Skøien 等，2006a；Yan 等，2016）和对 EOF/CEOF 法解释方差贡献率的量化（Gottschalk 等，2015；Li 等，2017）。相比而言，确定性的水文模型则对随机性变化的适应性较差，其不确定性难以预先量化且一般需要借助其他分析工具。

（2）无资料地区的预测能力。针对同时实现无资料地区时间和空间数据插值的问题，本书中基于随机水文理论的插值策略在空间域上具有较强的外延预测能力，因此，关于径流空间插值图化的研究得以蓬勃发展（Gottschalk 等，2006，2011，2013），但在时间域上则多为插补且一般外推不易（Skøien 等，2007）；与之相反，集总式概念性水文模型能够在一定程度上揭示水文过程在时间上的物理演变机理，具有较强的时间外推能力，因此已被广泛应用于水文实时预报以及径流的短、中、长期未来预测等，而在空间域上外推则通常涉及参数向未知点转移的问题，一般是凭借“区域化”方法，如建立模型参数在空间上的回归方程（Parajka 等，2005，2013b；de Lavenne 等，2016）。综合上述两类插值策略各自的优势并建立耦合模型，将可能为径流时空序列插值方法的进步带来更大潜力（Wagner 等，2012；Yan 等，2012b）。

考虑到在众多径流时空插值策略中，并不存在一种普适性方法在所有流域各站点都表现最优，因此，本书建议应在多种策略比选的基础上针对应用流域进行选择。

5.3 研究展望

鉴于自然界中水文循环系统和响应机制的复杂性，径流序列在时空域上的插值问题仍是当前水文科学发展中亟待攻克的难题，今后的研究工作构想主要包含以下几点。

（1）多种改进方法在径流时空序列插值问题上的适用性研究。本书仅探讨了有限的几种基于随机水文理论的插值方法，今后可考虑依据更多现有理论和方法，改进适合于水文要素的时空插值策略，并开展全面的比较研究。此外，虽然这些时空随机插值策略自身具有不依赖于外部解释变量资料的优点，但本书的应用结果也表明，个别小流域测站会存在相较于其他站点径流变化模式相对异常且插值效率不高的情况。需要强调的是，本书介绍的这些随机性插值策略本质上是基于对高维非线性时空系统进行线性扩维和降维处理，虽然考虑了径流变量在时空域分布的特有自然外在属性（块段效应、空间嵌套关系以及河网各处径流的水平衡关系），但无法充分揭示内在的水文驱动-响应机理。因此，在某些水文气象资料相对较为丰富的流域，适度地引入外部协变量因子的先验信息来解释径流的水文物理成因机制，将有望增强随机插值方法对不规则径流时空序列的估计精度（Li 等，2018）。

（2）径流序列插值应用的空间、时间尺度问题。本书选取了长江两个不同流域赣江和汉江的多个站点的月径流序列作为实例分析。应用结果表明，相对湿润的两个子流域研究区，除在个别站点外，均能达到较好的插值效果，但结果也存在一定差异。此外，本书应用的径流数据在月尺度上满足一致性（或平稳性），但在其他时间尺度上可能会存在显著的非一致性变化（Xiong 等，2015；Jiang 等，2017）。鉴于以上发现，有必要对水文插值方法的理论性和实用价值就不同的时间、空间尺度作深入验证。

（3）考虑变化环境背景下的径流时空序列插值问题。本书探讨了一致性条件下的径流随机时空插值方法。然而，在变化环境背景下，气候变化和人类活动这两大主导因素改变了全球水循环系统在天然状态下的变化规律，导致水文序列的一致性遭到破坏，该显著影响已在国内外达成广泛共识（张建云等，2008；Milly 等，2008；谢平等，2009；杨涛等，2011；张强等，2011；宋松柏等，2012；杨大文等，2015；Xiong 等，2015；熊立华等，2017；Jiang 等，2017；Li 等，2017；Yan 等，2017）。因此，研究非一致性条件下的径流时空序列插值策略将具有重要科学意义。

参考文献

[1] Abebe A J, Solomatine D P, Venneker R G W. Application of adaptive fuzzy rule - based models for reconstruction of missing precipitation events [J]. Hydrology Science Journal, 2000, 45 (3): 425 - 436.

[2] Arlot S, Celisse A. A survey of cross - validation procedures for model selection [J]. Statistics Surveys, 2010, 4: 40 - 79.

[3] Arnell N W. Grid mapping of river discharge [J]. Journal of Hydrology, 1995, 167 (1 - 4): 39 - 56.

[4] Archfield S A, Pugliese A, Castellarin A, et al. Topological and canonical kriging for design flood prediction in ungauged catchments: An improvement over a traditional regional regression approach [J]. Electronic commerce - Australia, 2013, 17 (4): 1575 - 1588.

[5] Bárdossy A, Pegram G. Infilling missing precipitation records - A comparison of a new copula - based method with other techniques [J]. Journal of Hydrology, 2014, 519: 1162 - 1170.

[6] Beckers J M, Rixen M. EOFcalculations and data filling from incomplete oceanographic datasets [J]. Journal of Atmospheric & Oceanic Technology, 2003, 20 (12): 1839 - 1856.

[7] Bløschl G, Sivapalan M, Wagener T, et al. Runoff prediction in ungauged basins: synthesis across processes, places and scales [M]. Cambridge: Cambridge University Press, 2013.

[8] Box G E P, Cox D R. An Analysis of Transformations [J]. Journal of the Royal Statistical Society, 1964, 26 (2): 211 - 243.

[9] Caillouet L, Vidal J P, Sauquet E, et al. Ensemble reconstruction of spatio - temporal extreme low - flow events in France since 1871 [J]. Hydrology & Earth System Sciences, 2017, 21 (6): 2923 - 2951.

[10] Castellarin A. Regional prediction of flow - duration curves using a three - dimensional kriging [J]. Journal of Hydrology, 2014, 513: 179 - 191.

[11] Castiglioni S, Castellarin A, Montanari A, et al. Smooth regional estimation of low -

flow indices: physiographical space based interpolation and top - kriging [J]. Hydrology & Earth System Sciences, 2011, 15 (3): 715 - 727.

[12] Chen J, Li C, Brissette F P, et al. Impacts of correcting the inter - variable correlation of climate model outputs on hydrological modeling [J]. Journal of Hydrology, 2018, 560: 326 - 341.

[13] Coulibaly P, Evora N D. Comparison of neural network methods for infilling missing daily weather records [J]. Journal of Hydrology, 2007, 341 (1 - 2): 27 - 41.

[14] Cressie N. Fitting variogram models by weighted least squares [J]. Journal of the International Association for Mathematical Geology, 1985, 17 (5): 563 - 586.

[15] Cressie N. Statistics for spatial data [M]. New York: Wiley, 1993.

[16] Creutin J D, Obled C. Objective analyses and mapping techniques for rainfall fields: An objective comparison [J]. Water Resources Research, 1982, 18 (2): 413 - 431.

[17] Daly C, Neilson R P, Phillips D L. A statistical - topographic model for mapping climatological precipitation over mountainous terrain [J]. Journal of Applied Meteorology, 1994, 33 (2): 140 - 158.

[18] Devroye L, Wagner T. Distribution - free performance bounds for potential function rules [J]. IEEE Transactions on Information Theory, 1979, 25 (5): 601 - 604.

[19] de Lavenne A, Skøien J O, Cudennec C, et al. Transferring measured discharge time series: Large - scale comparison of Top - kriging to geomorphology - based inverse modeling [J]. Water Resources Research, 2016, 52 (7): 5555 - 5576.

[20] Douglas E M, Vogel R M, Kroll C N. Trends in floods and low flows in the United States: impact of spatial correlation [J]. Journal of Hydrology, 2000, 240 (1 - 2): 90 - 105.

[21] Farmer W H. Ordinary kriging as a tool to estimate historical daily streamflow records [J]. Hydrology & Earth System Sciences, 2016, 20 (7): 2721 - 2735.

[22] Geisser S. The predictive sample reuse method with applications [J]. Journal of the American Statistical Association, 1975, 70 (350): 320 - 328.

[23] Gottschalk L. Correlation and covariance of runoff [J]. Stochastic Hydrology & Hydraulics, 1993a, 7 (2): 85 - 101.

[24] Gottschalk L. Interpolation of runoff applying objective methods [J]. Stochastic Hydrology & Hydraulics, 1993b, 7 (4): 269 - 281.

[25] Gottschalk L. Methods for Analysing Variability [M] //Anderson M G, McDonnell J J. Encyclopedia of Hydrological Sciences. New York: John Wiley & Sons, 2006.

[26] Gottschalk L，Krasovskaia I. Climate change and river runoff in Scandinavia，approaches and challenges [J]. Boreal Environment Research，1997，2 (2)：145 - 162.

[27] Gottschalk L，Krasovskaia I. Development of Grid - related Estimates of Hydrological Variables [A]. Report of the WCP - Water Project B 3. Geneva，WCP/WCA，1998.

[28] Gottschalk L，Krasovskaia I，Leblois E，et al. Mapping mean and variance of runoff in a river basin [J]. Hydrology & Earth System Sciences，2006，10 (4)：469 - 484.

[29] Gottschalk L，Leblois E，Skøien J O. Distance measures for hydrological data having a support [J]. Journal of Hydrology，2011，402 (3 - 4)：415 - 421.

[30] Gottschalk L，Krasovskaia I，Yu K - X，et al. Joint mapping of statistical streamflow descriptors [J]. Journal of Hydrology，2013，478：15 - 28.

[31] Gottschalk L，Krasovskaia I，Dominguez E，et al. Interpolation of monthly runoff along rivers applying empirical orthogonal functions：Application to the Upper Magdalena River，Colombia [J]. Journal of Hydrology，2015，528：177 - 191.

[32] Goovaerts P. Geostatistical approaches for incorporating elevation into the spatial interpolation of rainfall [J]. Journal of Hydrology，2000，228 (1 - 2)：113 - 129.

[33] Gupta H V，Kling H，Yilmaz K K，et al. Decomposition of the mean squared error and NSE performance criteria：Implications for improving hydrological modelling [J]. Journal of Hydrology，2009，377 (1 - 2)：80 - 91.

[34] Harvey C L，Dixon H，Hannaford J. An appraisal of the performance of data - infilling methods for application to daily mean river flow records in the UK [J]. Hydrology Research，2012，43 (5)：618 - 636.

[35] Hamlington B D，Leben R R，Nerem R S，et al. Reconstructing sea level using cyclostationary empirical orthogonal functions [J]. Journal of Geophysical Research，2011，116，C12015.

[36] Henn B，Raleigh M S，Fisher A，et al. A comparison of methods for filling gaps in hourly near - surface air temperature data [J]. Journal of Hydrometeorology，2013，14 (3)：929 - 945.

[37] Hisdal H，Tveito O E. Generation of runoff series at ungauged locations using empirical orthogonal functions in combination with kriging [J]. Stochastic Hydrology & Hydraulics，1992，6 (4)：255 - 269.

[38] Hisdal H，Tveito O E. Extension of runoff series using empirical orthogonal functions [J]. Hydrological Sciences Journal，1993，38 (1)：33 - 49.

[39] Hirsch R. An evaluation of some record reconstruction techniques [J]. Water Resources Research, 1979, 15 (6): 1781-1790.

[40] Holmström I. Analysis of time series by means of empirical orthogonal functions [J]. Tellus, 1970, 22: 638-647.

[41] Huang W C, Yang F T. Streamflow estimation using Kriging [J]. Water Resources Research, 1998, 34 (6): 1599-1608.

[42] Ionita M, Chelcea S, Rimbu N, et al. Spatial and temporal variability of winter streamflow over Romania and its relationship to large-scale atmospheric circulation [J]. Journal of Hydrology, 2014, 519: 1339-1349.

[43] Jayawardena A W, Perera E D P, Zhu B, et al. A comparative study of fuzzy logic systems approach for river discharge prediction [J]. Journal of Hydrology, 2014, 514: 85-101.

[44] Jiang C, Xiong L, Guo S, et al. A process-based insight into nonstationarity of the probability distribution of annual runoff [J]. Water Resources Research, 2017, 53 (5): 4214-4235.

[45] Johnson R A, Wichern D W. Applied multivariate statistical analysis [M]. New Jersey: Pearson Prentice-Hall International, 2007.

[46] Kazianka H, Pilz J. Copula-based geostatistical modeling of continuous and discrete data including covariates [J]. Stochastic Environmental Research & Risk Assessment, 2010, 24 (5): 661-673.

[47] Kendall M G. Rank Correlation Methods [M]. London: Charles Griffin, 1975.

[48] Kim J W, Pachepsky Y A. Reconstructing missing daily precipitation data using regression trees and artificial neural networks for SWAT streamflow simulation [J]. Journal of Hydrology, 2010, 394 (3-4): 305-314.

[49] Kondrashov D, Ghil M. Spatio-temporal filling of missing points in geophysical data sets [J]. Nonlinear Processes in Geophysics, 2006, 13 (2): 151-159.

[50] Krasovskaia I, Gottschalk L. Analysis of regional drought characteristics with empirical orthogonal functions [M] //Kundzewicz, Z. W. New Uncertainty Concepts in Hydrology and Water Resources. Cambridge: Cambridge University Press, 1995: 163-167.

[51] Krasovskaia I, Gottschalk L, Kundzewicz Z W. Dimensionality of Scandinavian river flow regimes [J]. Hydrological Sciences Journal, 1999, 44 (5): 705-723.

[52] Krasovskaia I, Gottschalk L, Leblois E, et al. Dynamics of river flow regimes viewed

through attractors [J]. Hydrology Research, 2003a, 34 (5): 461-476.

[53] Krasovskaia I, Gottschalk L, Leblois E. Signature d' un climat en evolution dans les regimes hydrologiques de la region Rhône - Mediterranee - Corse [J]. L' Houille Blanche, 2003b, 8: 25-30.

[54] Kurtzman D, Navon S, Morin E. Improving interpolation of daily precipitation for hydrologic modelling: spatial patterns of preferred interpolators [J]. Hydrological Processes, 2009, 23 (23): 3281-3291.

[55] Laaha G, Skøien J O, Blöschl G. Spatial prediction on river networks: comparison of top-kriging with regional regression [J]. Hydrological Processes, 2014, 28 (2): 315-324.

[56] Lachance-Cloutier S, Turcotte R, Cyr J F. Combining streamflow observations and hydrologic simulations for the retrospective estimation of daily streamflow for ungauged rivers in southern Quebec (Canada) [J]. Journal of Hydrology, 2017, 550: 294-306.

[57] Li L, Krasovskaia I, Xiong L, et al. Analysis and projection of runoff variation in three Chinese rivers [J]. Hydrology Research, 2017, 48 (5): 1296-1310.

[58] Li L, Gottschalk L, Krasovskaia I, et al. Conditioned empirical orthogonal functions for interpolation of runoff time series along rivers: Application to reconstruction of missing monthly records [J]. Journal of Hydrology, 2018, 556: 262-278.

[59] Li L, Revesz P. Interpolation methods for spatio-temporal geographic data [J]. Computers Environment & Urban Systems, 2004, 28 (3): 201-227.

[60] Loève M. Fonctions aleatoires de second ordre [M]. Paris: Compt Rend Acad Sci, 1945.

[61] Matheron G. Les variables régionalisées et leur estimation [M]. Paris: Masson, 1965.

[62] Mann HB. Non-parametric tests against trend [J]. Econometrica, 1945, 13 (3): 245-259.

[63] Milly P C D, Betancourt J, Falkenmark M, et al. Stationarity is dead: whiter water management? [J]. Science, 2008, 319 (5863): 573-574.

[64] Mariethoz G, McCabe, M F, Renard P. Spatiotemporal reconstruction of gaps in multivariate fields using the direct sampling approach [J]. Water Resources Research, 2012, 48 (10): W10507.

[65] Merz R, Blöschl G. Flood frequency regionalization - spatial proximity vs. catchment attributes [J]. Journal of Hydrology, 2005, 302 (1-4): 283-306.

[66] Merz R, Blöschl G, Humer G. National flood discharge mapping in Austria [J].

Natural Hazards, 2008, 46 (1): 53-72.

[67] Montero J M, Fernandez-Aviles G, Mateu J. Spatial and spatiotemporal geostatistical modeling and kriging [M]. New York: Wiley, 2015.

[68] Nash J E, Sutcliffe J V. River flow forecasting through conceptual models part I-A discussion of principles [J]. Journal of Hydrology, 1970, 10 (3): 282-290.

[69] Obled C, Creutin J D. Some Developments in the Use of Empirical Orthogonal Functions for Mapping Meteorological Fields [J]. Journal of Applied Meteorology, 1987, 25 (9): 1189-1204.

[70] Obled C, Braud I. Analogies entre géostatistique et analyse en composant de processus ou analyse EOF's [J]. Geostatistics, 1989, 1: 177-188.

[71] Oudin L, Andréassian V, Mathevet T, et al. Dynamic averaging of rainfall-runoff model simulations from complementary model parameterizations [J]. Water Resources Research, 2006, 42 (7): W07410.

[72] Oudin L, Andréassian V, Perrin C, et al. Spatial proximity, physical similarity, regression and ungaged catchments: a comparison of regionalization approaches based on 913 French catchments [J]. Water Resources Research, 2008, 44 (3): W03413.

[73] Park S K, Xu L. Data Assimilation for Atmospheric, Oceanic and Hydrologic Applications [M]. Berlin: Springer, 2009.

[74] Paiva R C D, Durand M T, Hossain F. Spatiotemporal interpolation of discharge across a river network by using synthetic SWOT satellite data [J]. Water Resources Research, 2015, 51 (1): 430-449.

[75] Parajka J, Andréassian V, Archfield S, et al. Predictions of runoff hydrographs in ungauged basins, Chapter 10 [M]//Blöschl G, Sivapalan S, Wagener T, et al. Predictions in ungauged basins: Synthesis across Processes. Cambridge: Cambridge University Press, 2013a: 227-268.

[76] Parajka J, Merz R, Blöschl G. A comparison of regionalisation methods for catchment model parameters [J]. Hydrology & Earth System Sciences, 2005, 9 (3): 157-171.

[77] Parajka J, Merz R, Skøien J O, et al. The role of station density for predicting daily runoff by top-kriging interpolation in Austria [J]. Journal of Hydrology & Hydromechanics, 2015, 63 (3): 228-234.

[78] Parajka J, Viglione A, Rogger M, et al. Comparative assessment of predictions in ungauged basins-Part 1: Runoff hydrograph studies [J]. Hydrology & Earth System Sciences, 2013b, 17 (5): 1783-1795.

[79] Pappas C, Papalexiou S M, Koutsoyiannis D. A quick gap filling of missing hydrometeorological data [J]. Journal of Geophysical Research Atmospheres, 2015, 119 (15): 9290 - 9300.

[80] Pearson K. Notes on the history of correlation [J]. Biometrika, 1920, 13 (1): 25 - 45.

[81] Pettitt A. A nonparametric approach to the change point problem [J]. Applied Statistics, 1979, 28 (2): 126 - 135.

[82] Prudhomme C, Reynard N, Crooks S. Downscaling of global climate models for flood frequency analysis: where are we now? [J]. Hydrological Processes, 2002, 16 (6): 1137 - 1150.

[83] Pugliese A, Farmer W H, Castellarin A, et al. Regional flow duration curves: Geostatistical techniques versus multivariate regression [J]. Advances in Water Resources, 2016, 96: 11 - 22.

[84] Reed S, Koren V, Smith M, et al. Overall distributed model intercomparison project results [J]. Journal of Hydrology, 2004, 298 (1 - 4): 27 - 60.

[85] Salinas J L, Laaha G, Rogger M, et al. Comparative assessment of predictions in ungauged basins - Part 2: Flood and low flow studies [J]. Hydrology & Earth System Sciences, 2013, 17 (7): 2637 - 2652.

[86] Sauquet E. Mapping mean annual river discharges: Geostatistical developments for incorporating river network dependencies [J]. Journal of Hydrology, 2006, 331 (1 - 2): 300 - 314.

[87] Sauquet E, Gottschalk L, Krasovskaia I. Estimating Mean Monthly Runoff at Ungauged Locations: An Application to France [J]. Hydrology Research, 2008, 39 (5 - 6): 403 - 423.

[88] Sauquet E, Gottschalk L, Leblois E. Mapping average annual runoff: A hierarchical approach applying a stochastic interpolation scheme [J]. Hydrological Sciences Journal, 2000a, 45 (6): 799 - 815.

[89] Sauquet E, Krasovskaia I, Leblois E. Mapping mean monthly runoff pattern using EOF analysis [J]. Hydrology & Earth System Sciences, 2000b, 4 (1): 79 - 93.

[90] Sen P K. Estimates of the regression coefficient based on Kendall's tau [J]. Journal of American Statistical Association, 1968, 63 (324): 1379 - 1389.

[91] Serinaldi F, Kilsby C G. The importance of prewhitening in change point analysis under persistence [J]. Stochastic Environmental Research & Risk Assessment, 2016, 30 (2): 763 - 777.

[92] Schultz G A, Engman E T. Remote Sensing in hydrology and Water Management [M]. New York: Springer, 2000.

[93] Sivapalan M, Takeuchi K, Franks S W, et al. IAHS Decade on Predictions in Ungauged Basins (PUB), 2003 - 2012: Shaping an exciting future for the hydrological sciences [J]. International Association of Scientific Hydrology Bulletin, 2003, 48 (6): 857 - 880.

[94] Skøien J O, Blöschl G. Spatiotemporal topological kriging of runoff time series [J]. Water Resources Research, 2007, 43 (9): W09419.

[95] Skøien J O, Blöschl G, Western A W. Characteristic space - time scales in hydrology [J]. Water Resources Research, 2003, 39 (10): 1304.

[96] Skøien J O, Blöschl G. Catchments as space - time filters - a joint spatio - temporal geostatistical analysis of runoff and precipitation [J]. Hydrology & Earth System Sciences, 2006a, 3 (3): 941 - 985.

[97] Skøien J O, Merz R, Blöschl G. Top - kriging - geostatistics on stream networks [J]. Hydrology & Earth System Sciences, 2006b, 10 (2): 277 - 287.

[98] Stein M L. Interpolation of Spatial Data [M]. New York: Springer, 2006.

[99] Schultz G A, Engman E T. Remote Sensing in Hydrology and Water Management [M]. Berlin: Springer, 2000.

[100] Taylor M H, Losch M, Wenzel M, et al. On the sensitivity of field reconstruction and prediction using empirical orthogonal functions derived from gappy data [J]. Journal of Climate, 2013, 26 (22): 9194 - 9205.

[101] Tencaliec P, Favre A C, Prieur C, et al. Reconstruction of missing daily streamflow data using dynamic regression models [J]. Water Resources Research, 2015, 51 (12): 9447 - 9463.

[102] Tingley M P, Huybers P A. Bayesian algorithm for reconstructing climate anomalies in space and time. Part I: development and applications to paleoclimate reconstruction problems [J]. Journal of Climate, 2010, 23 (10): 2759 - 2781.

[103] Tobler W. Cellular geography. In: Philosophy in Geography [M]. Dordrecht: Reidel Publishing, 1979.

[104] Uysal G, Şensoy A, Şorman A A. Improving daily streamflow forecasts in mountainous upper euphrates basin by multi - layer perceptron model with satellite snow products [J]. Journal of Hydrology, 2016, 543: 630 - 650.

[105] Valizadeh N, Mirzaei M, Allawi M F, et al. Artificial intelligence and geo - statisti-

cal models for stream - flow forecasting in ungauged stations: state of the art [J]. Natural Hazards, 2017, 86 (3): 1377 - 1392.

[106] Vansteenkiste T, Tavakoli M, Ntegeka V, et al. Intercomparison of hydrological model structures and calibration approaches in climate scenario impact projections [J]. Journal of Hydrology, 2014, 519: 743 - 755.

[107] Viglione A, Parajka J, Rogger M, et al. Comparative assessment of predictions in ungauged basins - Part 3: runoff signatures in Austria [J]. Hydrology & Earth System Sciences, 2013, 17 (6): 2263 - 2279.

[108] von Storch H. Misuses of statistical analysis in climate research. In: Analysis of Climate Variability: Applications of Statistical Techniques [M]. Berlin: Springer - Verlag, 1995.

[109] Wackerganel H. Multivariate Geostatistics [M]. Berlin: Springer, 1995.

[110] Wang W C, Chau K W, Xu D M, et al. Improving forecasting accuracy of annual runoff time series using ARIMA based on EEMD decomposition [J]. Water Resources Management, 2015, 29 (8): 2655 - 2675.

[111] Wagner P D, Fiener P, Wilken F, et al. Comparison and evaluation of spatial interpolation schemes for daily rainfall in data scarce regions [J]. Journal of Hydrology, 2012, 464 - 465: 388 - 400.

[112] Webster R, Oliver M. Geostatistics for Environmental Scientists [M]. New York: John Wiley& Sons, 2001.

[113] Woodhouse C A, Gray S T, Meko D M. Updated streamflow reconstructions for the Upper Colorado River Basin [J]. Water Resources Research, 2006, 42 (5): W05415.

[114] Woods R, Sivapalan M. A synthesis of space - time variability in storm response: Rainfall, runoff generation, and routing [J]. Water Resources Research, 1999, 35 (8): 2469 - 2485.

[115] Xiong L, Shamseldin A Y, O' Connor K M, A non - linear combination of the forecasts of rainfall - runoff models by the first - order Takagi - Sugeno fuzzy system [J]. Journal of Hydrology, 2001, 245 (1 - 4): 196 - 217.

[116] Xiong L, Jiang C, Xu C - Y, et al. A framework of change - point detection for multivariate hydrological series [J]. Water Resources Research, 2015, 51 (10): 8198 - 8217.

[117] Yan L, Xiong L, Guo S, et al. Comparison of four nonstationary hydrologic design methods for changing environment [J]. Journal of Hydrology, 2017, 551: 132 - 150.

[118] Yan Z, Gottschalk L, Krasovskaia I, et al. To the problem of uncertainty in inter-

polation of annual runoff [J]. Hydrology Research，2012a，43 (6)：833 - 850.

[119] Yan Z，Gottschalk L，Leblois E，et al. Joint mapping of water balance components in a large Chinese basin [J]. Journal of Hydrology，2012b，450 - 451：59 - 69.

[120] Yan Z，Gottschalk L，Wang J. Signal to noise ratio in water balance maps with different resolution [J]. Journal of Hydrology，2016，543：218 - 229.

[121] Yu K X，Gottschalk L，Xiong L，et al. Estimation of the annual runoff distribution from moments of climatic variables [J]. Journal of Hydrology，2015a，531 (3)：1081 - 1094.

[122] Yu H L，Lin Y C. Analysis of space - time non - stationary patterns of rainfall - groundwater interactions by integrating empirical orthogonal function and cross wavelet transform methods [J]. Journal of Hydrology，2015b，525：585 - 597.

[123] Yue S，Wang C Y. Applicability of prewhitening to eliminate the influence of serial correlation on the Mann - Kendall test [J]. Water Resources Research，2002，38 (6)：41 - 47.

[124] Zhang Y，Vaze J，Chiew F H S，et al. Predicting hydrological signatures in ungauged catchments using spatial interpolation，index model，and rainfall - runoff modelling [J]. Journal of Hydrology，2014，517：936 - 948.

[125] 陈晓宏，张蕾，时钟．珠江三角洲河网区水位特征空间变异性研究 [J]. 水利学报，2004，35 (10)：36 - 42.

[126] 范晓梅，刘高焕，刘红光．基于 Kriging 和 Cokriging 方法的黄河三角洲土壤盐渍化评价 [J]. 资源科学，2014，36 (2)：321 - 327.

[127] 冯平，丁志宏，韩瑞光，等．基于 EMD 的降雨径流神经网络预测模型 [J]. 系统工程理论与实践，2009，29 (1)：152 - 158.

[128] 封志明，杨艳昭，丁晓强，等．气象要素空间插值方法优化 [J]. 地理研究，2004，23 (3)：357 - 364.

[129] 傅国斌，刘昌明．遥感技术在水文学中的应用与研究进展 [J]. 水科学进展，2001，12 (4)：547 - 559.

[130] 顾西辉，张强，黄国如．拓扑克里格法与普通克里格法在区域洪水频率分析中的比较研究 [J]. 水文，2014，34 (5)：6 - 11.

[131] 侯景儒．地质统计学发展现状及对若干问题的讨论 [J]. 黄金地质，1996，2 (1)：1 -11.

[132] 胡铁松，袁鹏，丁晶．人工神经网络在水文水资源中的应用 [J]. 水科学进展，1995，6 (1)：76 - 82.

[133] 黄国如，胡和平，田富强．用径向基函数神经网络模型预报感潮河段洪水位 [J].

水科学进展，2003，14（2）：158－162.

［134］ 黄国如，芮孝芳．流域降雨径流时间序列的混沌识别及其预测研究进展［J］．水科学进展，2004，15（2）：255－260.

［135］ 金菊良，杨晓华，丁晶．基于神经网络的年径流预测模型［J］．人民长江，1999，30（增刊）：58－59，62.

［136］ 江聪，熊立华．基于GAMLSS模型的宜昌站年流量序列趋势分析［J］．地理学报，2012，67（11）：1505－1514.

［137］ 孔云峰，仝文伟．降雨量地面观测数据空间探索与插值方法探讨［J］．地理研究，2008，27（5）：127－138.

［138］ 梁忠民，钟平安，华家鹏．水文水利计算［M］．北京：中国水利水电出版社，2006.

［139］ 李凌琪，熊立华，江聪，等．气温对长江上游巴塘站年径流的影响分析［J］．长江流域资源与环境，2015，24（7）：1142－1149.

［140］ 李新，程国栋，卢玲．空间内插方法比较［J］．地球科学进展，2000，15（3）：260－265.

［141］ 刘昌明，李道峰，田英，等．基于DEM的分布式水文模型在大尺度流域应用研究［J］．地理科学进展，2003，22（5）：437－445.

［142］ 刘金涛，张佳宝．山区降水空间分布的插值分析［J］．灌溉排水学报，2006，25（2）：34－38.

［143］ 任立良，刘新仁，郝振纯．水文尺度若干问题研究述评［J］．水科学进展，1996，7（增刊）：87－99.

［144］ 宋松柏，李杨，蔡明科．具有跳跃变异的非一致分布水文序列频率计算方法［J］．水利学报，2012，43（6）：734－739.

［145］ 石朋，芮孝芳．降雨空间插值方法的比较与改进［J］．河海大学学报（自然科学版），2005，33（4）：361－365.

［146］ 汤国安，杨昕．ArcGIS地理信息系统空间分析实验教程［M］．北京：科学出版社，2012.

［147］ 王浩．中国水资源问题与可持续发展战略研究［M］．北京：中国电力出版社，2010.

［148］ 王文，寇小华．水文数据同化方法及遥感数据在水文数据同化中的应用进展［J］．河海大学学报（自然科学版），2009，37（5）：556－562.

［149］ 王亮，朝伦巴根，金菊良，等．基于孔穴效应的时空变差函数在水文数据插补延长中的应用［J］．水文，2008，28（6）：15－20.

[150] 王仁铎．地质统计学的发展趋势 [J]．地质科技情报，1996，15 (2)：99-102.
[151] 王佳璆，邓敏，程涛，等．时空序列数据分析和建模 [M]．北京：科学出版社，2012.
[152] 夏军．华北地区水循环与水资源安全：问题与挑战 [C]．海峡两岸水利科技交流研讨会，2004：517-526.
[153] 夏军，穆宏强，邱训平，等．水文序列的时间变异性分析 [J]．长江职工大学学报，2001，18 (3)：1-4，26.
[154] 夏军，赵红英．灰色人工神经网络模型及其在径流短期预报中的应用 [J]．系统工程理论与实践，1996，16 (11)：82-90.
[155] 谢平，陈广才，雷红富，等．变化环境下地表水资源评价方法 [M]．北京：科学出版社，2009.
[156] 谢平，朱勇，陈广才，等．考虑土地利用/覆被变化的集总式流域水文模型及应用 [J]．山地学报，2007，25 (3)：257-264.
[157] 熊立华，郭生练．分布式流域水文模型 [M]．北京：中国水利水电出版社，2004.
[158] 熊立华，周芬，肖义，等．水文时间序列变点分析的贝叶斯方法 [J]．水电能源科学，2003，21 (4)：39-41，61.
[159] 熊立华，闫磊，李凌琪，等．变化环境对城市暴雨及排水系统影响研究进展 [J]．水科学进展，2017，28 (6)：930-942.
[160] 肖斌，赵鹏大，侯景儒．地质统计学新进展 [J]．地球科学进展，2000，15 (3)：293-296.
[161] 叶守泽，夏军．水文科学研究的世纪回眸与展望 [J]．水科学进展，2002，13 (1)：93-104.
[162] 严子奇．基于水平衡关系的水文要素时空分异图化方法研究 [D]．北京：中国科学院，2011.
[163] 严子奇，夏军，Lars Gottschalk. 基于水文随机方法的大尺度径流空间插值图化研究——淮河流域蚌埠以上区间为例 [J]．地理学报，2010，65 (7)：841-852.
[164] 杨大文，张树磊，徐翔宇．基于水热耦合平衡方程的黄河流域径流变化归因分析 [J]．中国科学：技术科学，2015，45 (10)：1024-1034.
[165] 杨涛，陆桂华，李会会，等．气候变化下水文极端事件变化预测研究进展 [J]．水科学进展，2011，22 (2)：279-286.
[166] 叶近天，季世民，杨勇．时空地统计学方法研究及进展 [J]．测绘与空间地理信息，2014，37 (1)：38-43.
[167] 余钟波，潘峰，梁川，等．水文模型系统在峨嵋河流域洪水模拟中的应用 [J]．水

科学进展，2006，17（5）：645-652.

[168] 于国荣，夏自强．混沌时间序列支持向量机模型及其在径流预测中应用［J］．水科学进展，2008，19（1）：116-122.

[169] 岳文泽，徐建华，徐丽华．基于地统计方法的气候要素空间插值研究［J］．高原气象，2005，24（6）：974-980.

[170] 詹道江，徐向阳，陈元芳．工程水文学［M］．4版．北京：中国水利水电出版社，2010.

[171] 章诞武，丛振涛，倪广恒．基于中国气象资料的趋势检验方法对比分析［J］．水科学进展，2013，24（4）：490-496.

[172] 张建云，王国庆，杨扬，等．气候变化对中国水安全的影响研究［J］．气候变化研究进展，2008，4（5）：290-295.

[173] 张强，孙鹏，陈喜，等．1956—2000年中国地表水资源状况：变化特征、成因及影响［J］．地理科学，2011，31（12）：1430-1436.

[174] 张蕾，陈晓宏．珠江三角洲网河区水位空间插值的kriging方法［J］．中山大学学报（自然科学版），2004，43（5）：112-114.

[175] 朱芮芮，李兰，王浩，等．降水量的空间变异性和空间插值方法的比较研究［J］．中国农村水利水电，2004（7）：25-28.